彩图 1　鹌鹑平面育雏笼

彩图 2　立体鹌鹑养殖场的成年蛋鹑笼

彩图 3　鹌鹑饮水器

彩图 4　鹌鹑自动喂料器

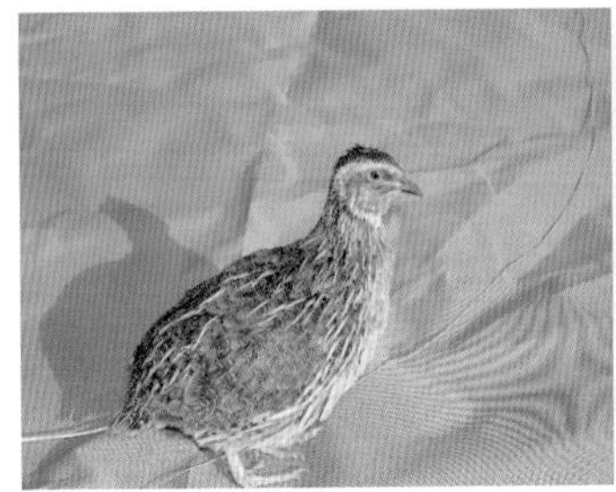

彩图 5　日本鹌鹑

彩图 6　朝鲜龙城鹌鹑种鹑

彩图 7　中国白羽鹌鹑雏鹑

彩图 8　中国白羽鹌鹑成鹑

彩图 9　自别雌雄鹌鹑

专家帮你
提高效益

怎样提高
鹌鹑养殖效益

主　编　吴　琼　孙艳发
副主编　宁浩然　王建刚　涂剑锋
参　编　杨　颖　刘汇涛　荣　敏　徐佳萍
王洪亮　张　敏　胡鹏飞　赵明明
刘　博　张然然　王　磊　孙丽敏

机械工业出版社

鹌鹑养殖具有投资规模小、产值高、资金周转快和经济效益高等优势，养殖前景广阔。本书详细介绍了鹌鹑养殖场的设计和建设、鹌鹑选种繁育、鹌鹑饲养管理技术、鹌鹑营养与饲料、鹌鹑疾病防治，以及鹌鹑养殖场的经营管理等内容。本书通俗易懂、实用性强，设有“提示”“注意”“禁忌”等小栏目，可以帮助读者更好地掌握相关技术要点。

本书可为鹌鹑养殖户、养殖企业和相关生产技术人员提供生产指导，也可供农林院校相关专业的师生参考阅读。

图书在版编目（CIP）数据

怎样提高鹌鹑养殖效益/吴琼，孙艳发主编．—北京：机械工业出版社，2020.8
（专家帮你提高效益）
ISBN 978-7-111-65943-3

Ⅰ.①怎…　Ⅱ.①吴…②孙…　Ⅲ.①鹌鹑－饲养管理　Ⅳ.①S837.4

中国版本图书馆CIP数据核字（2020）第113560号

机械工业出版社（北京市百万庄大街22号　邮政编码100037）
策划编辑：周晓伟　高　伟　责任编辑：周晓伟　高　伟
责任校对：张莎莎　　　　　责任印制：孙　炜
保定市中画美凯印刷有限公司印刷
2020年9月第1版第1次印刷
145mm×210mm·4.5印张·2插页·131千字
0001—1900册
标准书号：ISBN 978-7-111-65943-3
定价：25.00元

电话服务
客服电话：010-88361066
　　　　　010-88379833
　　　　　010-68326294

网络服务
机　工　官　网：www. cmpbook. com
机　工　官　博：weibo. com/cmp1952
金　　书　　网：www. golden-book. com
机工教育服务网：www. cmpedu. com

前　言　PREFACE

鹌鹑养殖是一项投资规模小、产值高、资金周转快、经济效益高的项目。目前，全世界鹌鹑年饲养量为10亿只，仅次于鸡的饲养量。日本、美国、法国、英国、朝鲜、俄罗斯和澳大利亚等国家鹌鹑养殖业比较发达。我国是世界上鹌鹑的主要产地之一，也是饲养鹌鹑最早的国家之一，早在《诗经》中就有鹌鹑的记载，《本草纲目》中记载了鹌鹑的药用价值，清朝著有《鹌鹑谱》，对44个鹌鹑优良品种的特征、特性进行了叙述。我国于20世纪30年代引进了日本鹌鹑，70年代引进了朝鲜鹌鹑，80年代又引进了法国肉用鹌鹑，相继育成了白羽鹌鹑、自别雌雄鹌鹑配套系和蛋用鹌鹑配套系。目前，我国鹌鹑饲养规模达到3.5亿只左右，占世界总量的35%，位居首位。鹌鹑肉蛋产品广受消费者的喜爱，鹌鹑的养殖前景广阔。

我国鹌鹑的规模化养殖历史与发达国家相比较晚，目前，鹌鹑养殖中的选种繁育、营养饲料和疾病防治等饲养技术和经营管理均落后于其他家禽养殖。鹌鹑养殖要求从业者具有一定的专业饲养技术，而不少从业者由于没有掌握相关的饲养技术和经营管理要点，在生产中经常出现问题，从而降低了养殖效益，挫伤了从业人员的信心。为了提高鹌鹑养殖从业人员的饲养技术水平和经营管理水平，我们编写了本书。

本书系统地介绍了鹌鹑养殖场的设计和建设、鹌鹑选种繁育、鹌鹑饲养管理技术、鹌鹑营养与饲料、鹌鹑疾病防治，以及鹌鹑养殖场

的经营管理等内容，可供鹌鹑养殖户、养殖企业的技术人员和管理人员阅读。

需要说明的是，本书所用药物及其使用剂量仅供读者参考，不能照搬。在实际生产中，所用药物学名、通用名与实际商品名称存在差异，药物浓度也有所不同，建议读者在使用每一种药物之前，参阅厂家提供的产品说明以确认药物用量、用药方法、用药时间及禁忌等。

在本书编写过程中，编者借鉴了许多专家学者的著作和论文，在此表示衷心的感谢。由于编者水平有限，书中难免存在不足之处，敬请读者批评指正。

编　者

目录 CONTENTS

第一章
做好鹌鹑场的环境控制，向环境要效益

第一节　做好鹌鹑场的合理设计和建设

鹌鹑养殖场大致可分为两类：一类为家庭小规模鹌鹑养殖场，可不必另建笼舍，因地制宜，利用空置房屋、屋檐下空地，或者凉台、走廊和空余房间即可；另一类是大规模鹌鹑养殖场，这类养殖场必须有单独的鹌鹑舍和饲养所需要的设施设备。

鹌鹑所处的外部环境对养殖经济效益有重要的影响，适宜的外部环境可以充分挖掘生产潜力，增加经济效益。在养殖过程，为鹌鹑创造一个适宜的生活环境是非常重要的。

一、正确选址和布局

场地选择应根据生产任务和当地自然条件、社会条件进行综合考虑。

1. 场址选择条件

无论平原、山区还是丘陵地区，鹌鹑养殖场址均应选择在地势较高、阳光充足、通风良好的向南或东南的地方。一般要求坐北朝南，这样可以保证冬暖夏凉，舍内阳光充足、明亮，比较适合鹌鹑生长发育。土质以砂壤土为好。鹌鹑养殖场一般建设在距离住宅相对较近的地方，以便于管理，但为了保持鹌鹑生活安静，较少传播疾病，也不能距离太近，与生活饮用水源地、人口密集区、噪声污染严重的地区、主要交通干线和高压电线之间的距离不少于500米，与其他动物种畜禽场之间的距离不少于1000米，与其他动物诊疗所之间的距离不少于200米，与其他动物养殖场之间的距离不少于500米，与其他动物隔离场所、无害化处理场所、生活安全处理场所之间的距离不少于3000米。鹌鹑养殖场址要交通便利，利于饲料的运送和种鹑及商品鹑的运进与运出，水源、电源取用便利。水源应符合《生活饮用水卫生标准》（GB 5749—2006）的相关规定。为防止断电，有条件的养殖场可备发电机。

【提示】

鹌鹑养殖场一定要远离人口密集区、动物养殖和保种区、无害化处理区等场区。

2. 场址自然条件

（1）气候状况 在鹌鹑养殖场选址建设前，应充分了解当地的气候状况，包括月平均气温，最高、最低气温，月平均风速和风向，常年主导风向，月平均相对湿度，平均降水量及全年主要自然灾害等情况。

（2）地势地形 鹌鹑养殖场地势要高，保持干燥，以向阳背风的缓坡为好。严禁在低洼潮湿地选址建场。因低洼潮湿地带风速小，气流不畅，污浊空气难以扩散，致使热量积聚，夏季闷热，冬季气温较低，饲养环境较差，同时低洼地排水不良，易造成积水，不仅造成管理不便，而且会促使细菌、寄生虫生长繁殖，增加疫病的发生概率，影响鹌鹑健康。如果选择在坡地建场，坡度要求为1%～3%。场地地形要求尽量方正、开阔，狭长和边角太多时会增加道路、管道和线路等设施的投资，管理也不方便。

【小经验】

鹌鹑养殖场地面积为建筑物面积的3倍最为适宜。

（3）土壤要求 鹌鹑养殖场地的土质状况与温湿度、空气质量状况及房舍建筑等均有密切的关系，影响鹌鹑的健康。鹌鹑养殖场地要求地下水位低，土质透水和透气性好，保持干燥，并适于建筑房舍。

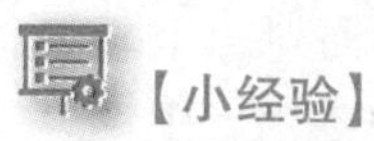

【小经验】

砂壤土（含黏土10%以下）透气透水性良好，可保持场地干燥，减少病菌和寄生虫滋生，是建设鹌鹑养殖场的最理想土壤。

（4）水源 鹌鹑养殖用水量较大，必须有清洁卫生的可靠水源，充足的水量和良好的水质，并便于取用和防护。水源分为地面水和地下水两大类。地面水主要是江、河、湖、塘等，其水量会随气候和季节变化而变化，水质较软而不稳定，含有机物质较多，易受污染。使用地面水作为鹌鹑养殖场水源时，要对水进行过滤和消毒等处理。地下水因经过土层渗透，其杂质和微生物较少，水质较洁净，水源稳定，水量充足。依靠公共供水系统（如自来水）供水的鹌鹑养殖场最好建设储水池。

（5）位置 鹌鹑养殖场应远离居民区、学校、工厂、屠宰加工厂、散布烟尘和有害气体的工厂，应在居民点下风向及水源的下游处，保证有可靠的电源，尽量少占或不占耕地，充分利用缓坡、丘陵。如果在山区、丘陵地区建场，应注意防范山洪的发生。场址选择既要注意自身的防疫隔离，又不能污染周围环境。

（6）交通 鹌鹑养殖场要求交通便利，特别是孵化场要便于运入种蛋和出售幼雏，位置要适中。育雏和种鹑场要单独建场，无论规模大小均应靠近交通便利的城市及销售点，以利于产品销售。

（7）防疫 从防疫和预防应激方面考虑，鹌鹑养殖场应距离交通主干线500米以上，距离一般道路100～500米。交通干线过往车辆频繁，是传播疫病的重要途径，且噪声大，易使鹌鹑受惊，影响产蛋和肥育。

【禁忌】

近3年内发生过重大畜禽疫病的地区，绝不能建设鹌鹑养殖场。

二、合理设计与建设

1. 要求和条件

鹌鹑舍设计要保证冬季可以保暖，夏季可以防暑，舍内温度在

18～25℃，育雏期温度达到30℃以上。方向应东西向而建，坐北朝南，这样在冬季可以充分利用阳光，便于采光保暖；夏季因太阳早晨照射到东侧墙，中午照射到屋顶，下午照射到西侧墙，不直接通过窗户直射到舍内，利于舍内降温。窗户面积与室内面积之比为1∶5，门窗最好安装纱网，以防蚊蝇。舍内地面使用水泥铺设为宜，有利于清扫和消毒，也可防止寄生虫和鼠害。鹌鹑舍设计：一般育雏舍、孵化室建在上风向处，依次为种鹑舍、蛋鹑舍和肉鹑舍；粪场、尸体处理场和污道出口应在下风向处。饲料车间和其他用房与饲养场之间应有一定的距离，在主风向的上风向处，但最好经过这些场所的风不经过生产区。鹌鹑舍入口处要有消毒池和消毒室。

2. 鹌鹑舍的建造

在北方，鹌鹑舍的四周可以用砖或土坯砌，注意北面墙要厚一些，以利于冬季防寒；在南方可以砌半截墙，上部使用塑料等覆盖，夏季可打开，利于通风。窗户应开设在四周，大小和数量根据舍的大小设置，既要保证采光，又要利于保温。屋顶铺设石棉瓦或铁皮，高度以2.7～3.0米为宜，门开在东侧或向阳面较好。

（1）按生产用途划分 养殖场内的鹌鹑舍，依据生产用途不同分为育雏舍、肉鹑舍、蛋鹑舍、种鹑舍和孵化室等。

1）育雏舍和肉鹑舍的结构特点基本相同，要求保温性能良好，在建造时应在房顶加设隔热保温层，可以使用草帘、塑料薄膜、稻草、玉米秆、苇草、珍珠岩和泡沫塑料等隔热材料，注意要加防水材料。育雏舍内要设置供温设施，目前采用的供温设施主要是火道、火墙、暖气、热风炉等。建造火道和火墙时要注意：炉膛应低于舍内地面，整个炉膛在舍内，进风口和加煤口在舍外，烟囱的高度高于房顶或房脊，便于通气。育雏舍的窗户要小而少，既要便于采光，又要利于保温。育雏舍应设置进风口和排风口，使育雏舍能够良好地通风换气。进风口应设置在房檐下，且进风口管需要有一定的弯度，舍内的进风口处应加设导风板。导风板使进入舍内的凉风先到舍的顶部预热，再转向鹌鹑所在的部位，防止鹌鹑受凉感冒。夏季炎热地区舍内还应设置降温设施，目前广泛采用的降温设施是纵向通风水帘降温系

统。该系统就是在育雏舍的一端设置水帘，另一端设置排风扇。夏季炎热时空气通过水帘进入舍内，经排风扇抽出舍外，可以使舍内的温度下降3~8℃。育雏舍的建设要便于冲洗消毒和熏蒸消毒。为了便于冲洗消毒，舍内墙壁、顶棚和地面应光滑，不吸水，同时防水性能要良好；为了便于熏蒸消毒，舍内应能够密闭，最好也适于用火焰方法消毒。

2）蛋鹑舍和种鹑舍要求基本一样，需要有一定的保温性能，采光条件和通风条件良好，其他要求和育雏舍基本相同。蛋鹑舍内要设置粪坑和清粪设备，以便于及时清理舍内粪便，防止因清粪不当引起鹌鹑产蛋性能下降。

3）孵化室是鹌鹑养殖企业的重要部分，其规模、形式等与生产规模相适应，建筑要求与育雏舍基本相同，但还需要考虑以下几个方面。

① 孵化室和出雏间要分开设置。出雏间出雏时，雏鹑体表的绒毛脱落飞扬，易污染环境，应采用排风系统排放到出雏间外面。

② 孵化室内的每台孵化器、出雏器排出的有害气体集中在一个管道内从孵化室的一端排出，孵化室的另一端用一个进风口送进新鲜的空气，使孵化室内有害气体和新鲜空气各行其道，互不污染。

③ 由于孵化室内要经常冲洗孵化器、出雏器、蛋盘、出雏盘，并且对这些设备、用具和种蛋要喷雾消毒，因此孵化室内要设置良好的排水系统。

④ 孵化室内窗户设置应该小一些，便于遮光，主要用于突然停电时保证通风和采光。

（2）按舍的规格划分　鹌鹑舍按照规格可以分为小型鹌鹑舍、中型鹌鹑舍和大型鹌鹑舍。

① 小型鹌鹑舍长为3.6米，宽为1.8米，前檐高2.4米，后檐高2.1米，屋顶一般为单坡式。为了方便饲养管理，室内可以分割为两间，一间用来放置工具和饲料等，另一间作为饲养室，大小根据实际养殖需要而定，两室之间最好设置门。小型鹌鹑舍可饲养鹌鹑800只左右。

② 中型鹌鹑舍长为5.4米，宽为2.7米，面积约为14.6米^2，可饲养2000～3000只鹌鹑。

③ 大型鹌鹑舍长为7.2米，宽为4.5米，高为2.7米，面积为32.4米^2，屋顶最好为双坡式，可饲养鹌鹑5000～6000只。

三、准备充分的饲养设备与用具

1. 鹌鹑笼

鹌鹑笼有育雏笼和成鹑笼两种。

（1）育雏笼 育雏笼又称保温笼（彩图1），是集约化鹌鹑养殖场育雏的必备设备，要求保温、采光良好、通风良好。育雏笼的网孔尺寸一般为6毫米×6毫米，底部也用网孔尺寸为6毫米×6毫米的网将雏鹑与粪分开。笼门应便于放置饮水器、食盘和食槽，以便于操作和管理。雏鹑出壳后的前10天，对环境温度的要求为37～39℃，因此要用专门的育雏保温箱来保温。小规模和家庭饲养鹌鹑时，育雏保温箱采用热水箱和红外线灯等便利的设备供热。大规模和工厂化鹌鹑饲养场，育雏保温箱采用全自动电热育雏保温箱。

（2）种鹑笼 种鹑笼要求宽敞，为了便于公母交配和收集蛋，饲养密度要小。一般种鹑场多采用层叠式，每层前后宽60厘米、长100厘米，中间高24厘米，两侧高28厘米，笼门宽20厘米、高15厘米。为了便于粪便漏下，笼底网孔尺寸为1.2厘米×1.3厘米，侧网孔尺寸为2.5厘米×5厘米，前侧网和后侧网间距2.5厘米，笼底前后高差3～4厘米。

（3）成年蛋鹑笼 鹌鹑野性较强，平时喜飞翔、跳跃、打斗，为防止不必要的伤亡，鹌鹑笼的外形尺寸一般为高20厘米、深30厘米、宽100厘米。铁丝栅栏中每根铁丝之间的间距为2.5～3.0厘米。成年蛋鹑笼近年来在生产中推广半阶梯式和重叠式相结合的方式，取得了良好的效果。立体鹌鹑养殖场的成年蛋鹑笼见彩图2。

2. 食槽和饮水器具

鹌鹑食槽可用铁皮、铝板、塑料板、木板和竹子等制作。育雏阶段根据日龄不同，食槽的长度也不同，一般10只雏鹑1～5日龄为8厘米，6～15日龄为20厘米，16～40日龄为25厘米。成年鹑舍在采

用塑料和竹子制作食槽的时候，注意食槽为圆弧形；使用铁皮和木板制作的时候，食槽要上窄下宽，内侧低，外侧高。

饲养鹌鹑的饮水器具可分为乳头式饮水器、塔式饮水器和水槽等。小型养殖场一般自制雏鹑饮水器，方法为用一个塑料杯，在距杯口3毫米处用红热的10号铁丝烫一个洞，将塑料杯装满水，倒放在小碟内，即可形成简单的雏鹑饮水器。其他形式的饮水器均可在市场上买到。育雏阶段的水槽最好采用自动饮水器，不仅可以避免淹死雏鹑，而且可以长期保持饮水清洁。成年鹑舍水槽可以用塑料管、铁皮、木板和竹子等制作，注意要使用长流水，也可使用自动饮水器。自动饮水器可以节省水，并保持水的清洁（彩图3）。

【提示】

在鹌鹑育雏过程中，要注意选择适宜的水槽，避免鹌鹑因体形小而出现淹死等现象。

3. 其他用具

鹌鹑舍还需要拌料设备、料桶、喂料车、料盆、全自动喂料器（彩图4）、集蛋箱、粪车和搬运箱、温度计和湿度计等，可以根据实际生产需要准备。

4. 供温设施

饲养鹌鹑需要一个良好的环境，舍内温度控制尤为重要，特别是育雏舍温度是鹌鹑饲养中重要的环境因素。鹌鹑舍供温所需设施主要包括火炉、热风墙、火道、暖气片、地热、天然气炉、红外线育雏器、育雏伞和红外线灯等，最常用和经济的供温设施是火道。目前，生产上广泛采用红外线育雏的方式，该方式成本低，效果好。

5. 照明设施

无论是蛋鹑和种鹑，还是雏鹑和肉鹑，照明都非常重要。采用的照明用具主要有灯泡、日光灯、节能灯、调光器、定时器和光照自动控制仪等。应依据不同鹌鹑舍对光照的不同要求等实际进行选择。使用日光灯和节能灯可以节约用电，但价格高，质量不稳定。在生产中为了节省费用，可以使用调光器来控制光照强度。调光器开灯时光照

强度由弱逐渐变强，关灯时光照强度由强逐渐变弱。在进行光照强度调节的时候，注意要接近自然光照的变化方式，这样可以避免因光照突然改变而引起鹌鹑惊群。定时器和光照自动控制仪可以自动定时开关灯和根据光线强弱自动开启、关闭照明系统。这两种仪器可以防止人工控制开关不准时的劣势，还可以节省人力。

6. 通风系统设施

鹌鹑舍的通风系统由进风口、排气口、天窗、进风口水帘和风机等组成。通风系统的正常运转可向舍内提供新鲜的空气，排出有害的气体，还可以调节舍内温度。

通风方式可分为自然通风、机械辅助通风和机械通风3种。舍内外温差较大的季节可采用自然通风。自然通风进气口在舍内墙壁的下半部，或用进风管道从舍外墙壁下半部进气，而舍内进气口设置在屋檐下20厘米处，排气口在舍顶，利用自然气压差形成空气对流通风，不需要人工机械通风设备。机械辅助通风是指自然通风和机械通风相结合的一种通风方式。这种通风方式在冬季和夏季使用，通风效果良好。机械通风是利用排风机负压或正压通风的一种方式。这种通风方式主要用于雏鹑舍和密闭式鹌鹑舍，适用于各种气候，但成本高，需要良好的供电环境。目前，大型鹌鹑养殖场中应用最广泛的是机械辅助通风。鹌鹑舍通风量的大小和排风机数量的设置根据舍内饲养鹌鹑的数量来决定。

7. 清粪设施

鹌鹑生产中使用的清粪设施有粪车、自动清粪机、粪盘等。粪盘适用于重叠式笼养鹌鹑舍，自动清粪机适用于全阶梯或半阶梯式笼养鹌鹑舍。

自动清粪机有牵拉式和传送带式两种。最常用的是牵拉式刮粪机，这种刮粪机由刮粪板、电动机、导向轮和牵拉刮粪板的钢丝绳组成。因钢丝绳易被粪便腐蚀，在牵拉时易于断裂，所以近几年来研制了一种新型清粪机，这种清粪机由电动机和四轮推粪铲车组成。电动机通过变速器减慢转速后，带动推粪铲车将粪推到舍出粪口，推粪铲车自动返回。目前，大型鹌鹑养殖场均采用此种方式，大大节省了人

力。粪盘通常用塑料、玻璃钢和镀锌铁皮制成，也可利用木板制成。

8. 防疫用具

防疫用具主要有液氮罐、冰箱、连续注射器、玻璃注射器、刺种针、滴管、滴瓶、压缩空气瓶、疫苗专用喷雾器和高压消毒锅等。托盘、钳子、镊子、剪刀也是常用工具。

9. 消毒设施

养殖场内鹌鹑舍、孵化厅、蛋库、用具和工作服都要定期进行严格消毒，常用的消毒设施包括消毒池、消毒室、喷雾器、紫外线灯和高压清洗机，有条件的养殖场可使用火焰消毒器。

10. 饲料加工设备

鹌鹑养殖场饲料加工设备主要由清选筛、提升机、饲料缓冲仓、粉碎机、破碎机、颗粒机、搅拌机、定量分装机和缝包机组成。对于小型鹌鹑养殖场，仅配备饲料搅拌机即可。饲料搅拌机结构简单，由粉碎机和立式搅拌机组成，使用方便，1 人就可操作，每小时可加工饲料 1000 千克。

11. 孵化设备设施

鹌鹑孵化厂的主要设备是孵化器和出雏器。鹌鹑蛋蛋壳结构特殊，不能采用照检方法照蛋，因此不需要照蛋设备。种蛋消毒配备有消毒柜或消毒室。目前，我国研制生产的孵化器和出雏器均达到了国际水平，实现了全自动化、计算机化和模糊控制等，孵化率均可超过 90%。家庭小规模养殖和电力不便的地方或偏远山区可选用温室孵化、水孵化、炕孵化、煤油灯孵化和热孵化器孵化等传统孵化方式。

第二节　掌握环境控制要求

环境控制也是鹌鹑养殖场取得效益的控制因素之一。选址之前应对场区进行环境影响评估，并由环境影响评价资质部门出具环境质量报告书，环境质量报告书应符合《畜禽场环境质量评价准则》（GB/T 19525. 2—2004）的相关要求。如果不进行环境影响的先期调研和评估，在鹌鹑养殖过程就易出现误区。

一、鹌鹑养殖场的环境要求

（1）选址 鹌鹑养殖场选址不要过于集中。如果密度大，间距近，会导致鹌鹑养殖场之间相互污染。一旦其中的一个场发生传染病，就会很快传播开来，增加发病机会，病情难以控制。

（2）环境卫生管理 若环境管理工作不到位，如粪便到处堆放，处理又不及时，特别是夏天，易导致蚊蝇乱飞，引发传染病。若舍内有害气体严重超标，特别是北方的冬季，为了保温，关闭门窗，在舍内通风不良的情况下，粪便及其发酵产生的氨气、硫化氢、二氧化碳等有害气体增多，常常会诱发呼吸道疾病。

人员、物品、车辆的往来和流动，除了会给鹌鹑带来一些应激外，还常常带进带有病原微生物的废弃物和污染物。最常见的是出入车辆，随装运工具带进的粪便、垫草和一些污染物等，通过笼具的装卸把废弃物和污染物散落到鹌鹑养殖场，造成对环境的污染。

（3）保温和降温 冬季保温设备不完善，或是有取暖设备但到处冒烟，易使鹌鹑患呼吸道疾病，或温度达不到要求，使鹌鹑生长迟缓。夏季气温高，降温设备选择不当，会使鹌鹑采食量减少，产蛋量下降，抗病力降低，很容易发生疾病，受高热、高湿环境的影响，还会产生应激反应。

（4）水质与土壤保护 鹌鹑养殖场的粪便、冲洗鹌鹑舍的污水和加工的污水，一般不会引起重视，极易引起水质的污染。鹌鹑粪便中的氮和磷会转化为硝酸盐和磷酸盐，如果直接排放到田地，会直接污染土壤和地下水。

（5）尸体处理 尸体处理不当，则会成为疫病的重要传染源。动物尸体到处乱扔或饲喂给其他动物，会扩大部分疾病的传染，同时尸体还会引起蚊蝇的滋生，传染疾病。

（6）鼠害、虫害和鸟害管理 养殖场周围粪便、垃圾、污水和污物是滋生蚊蝇的源头，所以应对鹌鹑舍周围的环境每周消毒1次。鼠害会给养殖场造成严重的迫害。老鼠到处乱窜，偷吃饲料并污染饲料，损坏工具，啃坏设备，同时也会引起鼠疫、副伤寒、白痢等传染疾病。飞鸟也可以携带传染病，对鹌鹑造成干扰和应激。

二、改善环境的措施

（1）注重场址的选择和建设 鹌鹑养殖场最好选择在生态环境良好，无工业“三废”及农业、城镇生活和医疗废弃物污染的生产区域。在鹌鹑养殖场周围1000米范围内，没有屠宰场、农药厂、医院等，粪便、污水处理应当符合相关规定。鹌鹑养殖场的建设要符合兽医卫生防疫要求，便于通风、排水、生产管理和防疫。

（2）调配饲料蛋白质平衡与合理使用饲料添加剂 在饲料的配合上，要求遵循安全有效、低成本的原则。在保证日粮中氨基酸需要量的前提下，降低日粮中粗蛋白质的含量，可以有效地降低粪便中氮、硫的含量，从而减少有害物质和臭气的产生。绿色饲料添加剂主要有生物饲料、低聚糖、酶制剂和中药添加剂等。

（3）建立饲料管理和卫生防疫制度 鹌鹑舍的门口要设消毒池或消毒槽，消毒液应定期更换。外来车辆进入养殖场时需通过消毒池，用消毒药对车身进行喷洒消毒。粪坑、污水池、下水道口应每月消毒1次。工作人员进入生产区需更换工作服，要严格控制外来人员进入生产区。需要进入生产区的外来人员应严格遵守场内的防疫制度，更换防疫服和工作鞋，脚踏消毒池，同时要用紫外线照射，严格按指定路线行走。

（4）严格的消毒制度 在进雏之前或转群前，要将鹌鹑舍打扫干净，进行彻底消毒，可选用0.3%过氧乙酸、0.1%新洁尔灭、0.2%百毒杀等进行喷雾消毒。鹌鹑养殖场应定期进行带鹑消毒。带鹑消毒时，可选用刺激性较小的消毒剂，一般常用的消毒剂有0.1%新洁尔灭、0.2%过氧乙酸、0.1%次氯酸钠等。在无疫情的情况下，每2周消毒1次，有疫情时，每天消毒1次。舍内的用具应固定用途，不得互相串用，进入鹌鹑舍的所有用具都必须进行消毒。

（5）合理处理鹌鹑尸体 病死鹌鹑是细菌、病毒和寄生虫卵传播的主要来源，处理不当极容易造成疫病的传播和对环境的污染。目前，主要采用焚烧或深埋两种办法来处理鹌鹑尸体。

（6）杜绝虫、鼠、鸟害 鹌鹑养殖场要消灭蚊蝇，一方面，必须彻底堵住蚊蝇的源头。鹌鹑的粪便、垃圾、污水、饲料和垫料等禁止在鹌鹑舍内外散落。另一方面，喷洒用药选择0.1%溴氰菊酯，效果较好。门窗可钉上纱窗，防止蚊蝇进入。做好灭鼠工作，保证舍内没有鼠洞，饲料库可采用铁门，窗户可用铁纱网钉上。一旦发现鼠洞，可投入适量的福尔马林溶液，然后用水泥封住洞口，也可采用药物、电子捕鼠器、鼠夹子等进行灭鼠。还要禁止飞鸟进入场区，因为飞鸟除了带来应激外，还会带来疾病。

（7）鹌鹑场周边环境的绿化 在不影响鹌鹑舍通风的情况下，在舍外空地、运动场、隔离带栽植树木、草坪等，利用其光合作用吸收二氧化碳，释放出氧气，可使细菌的含量降低20%～78%，除尘效果可达35%～65%，除臭效果可达50%，有害气体的量可减少25%。夏天天气炎热，做好环境绿化可降低环境温度10%～20%，同时可减轻热辐射80%，还可预防大风、防止噪声、预防灰尘等，对有效地改善鹌鹑养殖场环境起到了积极的作用。

第二章
科学选种和繁育，向良种要效益

第一节　了解优良鹌鹑品种与特征

鹌鹑在动物分类学上属于鸟纲，鸡形目，雉科，鹑属，是一种高产高效的特禽，主要有野生鹌鹑和家养鹌鹑两大类。家养鹌鹑按照饲养目的的不同可分为商品鹌鹑和实验鹌鹑。商品鹌鹑按照经济用途分为蛋用鹌鹑和肉用鹌鹑。我国蛋用鹌鹑的主要品种和配套系有日本鹌鹑、朝鲜鹌鹑、中国白羽鹌鹑、黄羽鹌鹑（隐性黄羽鹌鹑）、自别雌雄鹌鹑配套系、爱沙尼亚鹌鹑和“神丹 1 号”鹌鹑配套系。肉用鹌鹑包括中国白羽肉鹑、法国巨型肉用鹌鹑、莎维麦脱肉用鹌鹑等。

一、蛋用型品种和配套系

（1）日本鹌鹑　日本鹌鹑最早来源于中国，在日本培育成功，是世界著名的标准蛋用型品种之一，具有体形小、耗料少、性成熟早和产蛋量高等特点。日本鹌鹑体小（14～20 厘米）而滚圆，羽毛呈栗褐色，头部呈黑褐色，中央有 3 条浅色直纹，背部呈赤褐色，散布有黄色直条纹和暗色横纹，腹部色泽较浅。公鹑脸部、下颌和喉部呈赤褐色，胸部羽毛呈砖红色；母鹑脸部羽毛呈浅褐色，下颌呈灰白色，胸部羽毛呈浅褐色并带有黑色斑点。成年公鹑体重 105 克左右，母鹑体重 140 克左右，平均日耗料 22～25 克/只，饲料转化比为 2.9∶1，一般 40 日龄左右开产，每只母鹑年产蛋 300 枚左右，蛋重约 10 克，平均年产蛋率在 80% 以上。世界上高产品系群的产蛋量最高

纪录达450枚。日本鹌鹑对环境温度要求较高，以密集型笼养为宜。我国也曾引进日本鹌鹑，但目前养殖数量较少。

（2）朝鲜鹌鹑 朝鲜鹌鹑的体形比日本鹌鹑大，具有生长发育快、性成熟早、产肉性能和肉质好等特点。朝鲜鹌鹑与日本鹌鹑羽色相近（彩图5和彩图6）。肉用仔鹑35～40日龄体重可达130克，年平均产蛋量为270～280枚，蛋重12克，平均产蛋率为75%～80%，平均日耗料23～25克/只，饲料转化比为3∶1。我国饲养的朝鲜鹌鹑是1978年从朝鲜的龙城和黄城地区引进的，所以在我国称为龙城系和黄城系。该品种引入后经过北京种禽公司鹌鹑场多年封闭育种，均匀度和生产性能均得到较大提高，已成为我国鹌鹑养殖业中的主要蛋鹑品种。

（3）中国白羽鹌鹑（隐性） 中国白羽鹌鹑是由北京市种禽公司、中国农业大学和南京农业大学联合选育而成的白羽纯系鹌鹑（彩图7和彩图8），其体形近似于朝鲜鹌鹑，羽毛洁白，偶有黄色条纹，眼睛呈粉红色，喙、胫和足为肉色。白羽为伴性遗传的特性，为自别雌雄配套系的父本。成年公鹑体重145克，母鹑体重170克，在限饲的条件下，45日龄即可开产，平均产蛋率为80%～85%，年产蛋量为265～300枚，蛋重13克左右，平均日耗料23～25克/只，饲料转化比为3.1∶1。

（4）自别雌雄鹌鹑配套系 自别雌雄鹌鹑配套系是由北京市种禽公司、中国农业大学和南京农业大学联合培育成功的自别雌雄商品杂交鹌鹑。1日龄雏鹑雌性为浅黄色，雄性为栗色，生产性能与隐性白羽系相同（彩图9）。

（5）爱沙尼亚鹌鹑 爱沙尼亚鹌鹑羽毛为赫石色与暗褐色相间，公鹑胸前为赫石色，母鹑胸部为带有黑斑点的灰褐色，年产蛋量为315枚，年平均产蛋率为86%，平均日耗料28.6克/只，为肉蛋兼用型鹌鹑品种。

（6）黄羽鹌鹑（隐性黄羽鹌鹑） 黄羽鹌鹑是由南京农业大学鹌鹑场于1991年选育而成的，体羽为浅黄棕色，夹杂一些褐羽丝纹，爪呈肉色。成年公鹑体重130克，母鹑体重160克，6周龄开产，平均年产蛋率为83%，高峰期产蛋率在90%以上，蛋重11～12克，具有适应性与抗逆性强、耐粗饲、成活率高、生产性能稳定等特点。

(7)“神丹1号”鹌鹑配套系 “神丹1号”鹌鹑配套系为2012年选育成功的两系配套蛋用鹌鹑。商品代产蛋母鹌鹑羽毛为黄麻色，公鹌鹑为栗麻色，羽片上带有灰色线状横纹；喙为棕褐色，肤、胫、爪为浅灰色。父母代开产日龄为43～47天，35周龄产蛋量为135～145枚，可提供合格的种蛋108～116枚。商品代鹌鹑育雏成活率为95%，平均蛋重10～11克，平均日耗料21～24克/只，饲料转化比为（2.5～2.7)∶1。

二、肉用型品种

(1) 法国巨型肉用鹌鹑 法国巨型肉用鹌鹑又称迪法克FM系肉鹑，是由法国迪法克公司培育的肉用型品种，1986年从法国引入我国，具有生长速度快的特点。羽毛基色为灰褐色和栗褐色，间杂有红棕色的直纹。头部呈黑褐色，有3条浅黄色直纹。公鹑雄羽呈红棕色，喙呈黑褐色，腹羽呈浅黄色。母鹑羽毛为灰白色或浅棕色，缀有黑色斑点。40日龄母鹑体重可达240克左右，成年母鹑体重350克左右。40日龄开产，平均产蛋率为70%～75%，蛋重13克，每只日耗料33～35克，料肉比为4∶1。

(2) 莎维麦脱肉用鹌鹑 莎维麦脱肉用鹌鹑由法国莎维麦脱公司选育而成，具有适应性强、抗病力强的特点。母鹑开产日龄为35～45天，年产蛋量在250枚以上，平均蛋重14克左右。5周龄平均体重超过220克，料肉比为2.4∶1，成年鹑最大体重可达450克。

(3) 中国白羽肉鹑 中国白羽肉鹑是由法国巨型肉用鹌鹑中突变的白色个体培育而成的。其体形与法国巨型肉用鹌鹑相同，黑眼睛，喙、胫、足为肉色，羽毛为纯白色，具有伴性遗传特性，为自别雌雄配套系父本。成年母鹑体重200～250克，40～50日龄开产，产蛋率为70%～80%，平均蛋重13克左右，平均日耗料28～30克/只，料肉比为3.5∶1。

第二节 良种引进误区

为了大力提高鹌鹑生产性能，获得较高的经济效益和综合效益，在鹌鹑的养殖过程中引进良种是必须的，这是提高鹌鹑养殖经济效益的重要环节，但许多养殖户并不重视这个养殖环节。

1. 不根据市场需求而盲目引种

许多养殖单位或养殖户在从事鹌鹑养殖之前，没有充分调研，不了解市场情况，不清楚鹌鹑的价位（出场价、批发价、优惠价）、盈利情况、订单和产品回收合同等，不对主管部门、大型市场、超市和其他饲养单位等进行调研，从而导致养殖失败。

【禁忌】

若有外贸出口订单，就必须充分了解所需品种、商品规格、检验要求、包装、交货批次、日期和数量等详细内容，切记不要只按照意向书和口头协议实施。

2. 不根据品种（品系）的适应性和生产性能水平而盲目引种

鹌鹑的适应性是引种前首先需要充分考虑的条件，部分养殖户在引种前未充分考虑此因素，导致引进鹌鹑品种（配套系）的存活率较低。养殖户在引种前还需要充分了解不同品种（品系）的生产性能，只有饲养高产、优质、高效和低耗料的优良品种（品系），才能使生产性能得到充分发挥，获得好的经济效益。

【提示】

初养者或者条件不好的鹌鹑养殖场（户），首次应引进一般的品种，积累一些经验后，再饲养一流品种（品系）。引种前，要充分了解种鹑的性成熟期、蛋重、生产周期、产蛋量、存活率、料蛋比和料肉比，商品鹑的性成熟期、产蛋率、产肉率、蛋品质、肉品质、料蛋比、料肉比和屠宰性能指标等。

3. 不了解供种单位情况而盲目引种

部分养殖单位不重视引种前对供种单位的情况调查，盲目引进鹌鹑种源，致使引入的种源出现疾病和生产性能不能发挥等问题。所以在引种前要充分了解供种单位的情况，需要了解其生产许可证、各种记录档案、防治鹑病档案、技术人员组成等。此外，对商品售前、售中和售后服务，可提供的技术资料、现场指导、市场信息、免疫程序、常见疾病的防治和产品回收等情况也有必要了解一下。

【提示】

在引种前必须充分了解拟供种单位所在地区是否有流行性的传染性疾病，如新城疫、禽流感等，如果有则不能引种。

4. 不遵循引种季节而盲目引种

引种季节也直接或间接影响鹌鹑的饲养、商品出售和价格等。因商品鹑的生产和销售具有一定的季节性，所以需根据不同的季节来选择适宜的引种时间。季节对种鹑的引种影响不大。

【注意】

个体鹌鹑养殖者和育雏条件不完善的养殖场最好选择在天气暖和的季节引种。

5. 不根据实际情况而盲目引种

引种时应根据养殖场（户）的自身情况和价格高低等因素适当地选择引种对象。如果没有设置孵化和育雏设施，可以引进成鹑；若只进行商品鹑出售，可引进商品雏鹑；若只作为种源出售，可引进种蛋和种雏鹑。种蛋、雏鹑、仔鹑和成鹑引种注意事项如下。

（1）种蛋 引进的种蛋要新鲜，或在蛋库内适度保存。种蛋应该符合标准蛋重。引入种蛋，相对而言可防止部分疾病的传染，但要注意进行严格的消毒。不同品种或品系要进行详细的标记或分装。注意包装、减少破损，运输中注意轻拿轻放、防雨防晒。

（2）雏鹑 引进雏鹑时，如运输时间较长，要注意运雏箱（图2-1）内有保温措施，且通风良好。雏鹑箱在运输车中的放置方法如图2-2所示。

图 2-1　雏鹑运输

图 2-2　雏鹑箱在运输车中的放置方法

（3）仔鹑　引进仔鹑必须进行外貌鉴别、体重测定，观察羽毛的生长发育，按照公母适当比例进行配比。对免疫接种、驱虫等都应有详细的记录。

（4）成鹑　成鹑需要在开产前引种，要配置脚号、翅号，并索取引种证明和系谱。

6. 不充分了解市场而盲目引种

鹌鹑养殖场（户）未充分了解市场，盲目引种，易造成商品出售的价格较低或滞销等现象，所以在引种前要充分了解市场价格。市场价格因品种、配套系、季节、数量和批次不同等而存在差异。引种

者还要有一定的市场风险意识，从开始引种到产品上市，各个环节都应具有市场风险意识，要加强各个养殖生产环节的运作。只有依靠科学经营，才能达到预期的目的。

【禁忌】

切忌不了解市场盲目投资。

7. 不充分了解引种者自身条件而盲目引种

引种单位或个人在进行引种前都应充分了解自身条件，进行可行性估测、论证、养殖定位、规模、经营水平、技术水平和资金等的考虑。如果未做好充分准备，养殖过程中或后期也会出现各种问题，所以在引种前需要做好以下工作。

（1）可行性估测 可行性估测是鹌鹑引种前期重要的环节，主要评估内容包括养殖规模、资金和技术水平等，也可以粗略地估测雏鹑盈亏情况。

（2）前期论证 鹌鹑引种前经过有关专家、养殖户、经纪人的客观评价和论证是非常关键的。通过论证可使引种者更进一步接近生产实践和市场，最大程度避免投资失败和浪费。规模化的养殖场可以聘请有资质的论证机构进行可行性论证。

（3）养殖定位选择 做好养殖定位，是养殖场成败与否的关键。如何根据个体和企业性质的定位选择鹌鹑品种（品系），主要取决于市场与自身条件和综合效益的分析。

（4）规模选择 养殖场（户）要根据自身的主客观条件选择养殖规模，有条件的可以一次完成规模化建设，但对于自身经济、技术等欠缺的单位或个人应该选择由小到大、由少到多的发展历程。

（5）综合管理水平的选择 综合管理水平可根据养殖规模来选择，如规模较小，产品可以委托销售，有条件的养殖单位可以聘请管理人员。通过实践，制定适宜的管理制度、操作规程、监督制度和奖罚制度等。

（6）掌握相关养殖技术 引种者应该熟悉最基本的鹌鹑养殖技术，初学者要经过适当的培训再从事正式的养殖。最好与相关科研院校合作，获得最新的研究成果并加以应用。经过科学饲养实践学习，制定适合本场的操作程序，建立技术档案。

（7）根据资金选择养殖规模 养殖资金多少直接关系到养殖规模和经营。有条件的养殖单位，在论证后可进行产业化和现代化大规模生产。

第三节 做好种鹑的繁育工作

选育良种是鹌鹑良种繁育体系中的重要步骤。我国鹌鹑的良种繁育体系尚不健全，虽引进良种，但缺乏系统保种与制种。目前，我国已经培育了具有自主知识产权的高产蛋用配套系。

一、掌握种鹑的选择技术

种鹑的选择包括外貌鉴定、系谱鉴定、性能鉴定、后裔鉴定和综合鉴定。

1. 外貌鉴定

种鹑的外貌鉴定应该根据品种和品系的特征标准及生长发育阶段，进行严格选择，主要通过观察与用手触摸加以鉴定。

2. 系谱鉴定

引种时应该有系谱来源，血统不清楚的鹌鹑不能留作种用。通过系谱分析，可以了解鹌鹑的祖代与亲代的体重、生产性能资料和遗传特性。因此，种鹑场必须保存完好的系谱档案，按照系谱进行选种和配种。

3. 性能测定

性能测定适用于遗传力高，能够在活体上直接度量的性状。有的性状应向上选择，即数值大代表性能好；有的性状应向下选择，即数值小代表成绩好。产蛋鹑性能测定的指标主要有产蛋量和平均蛋重，开产后前 3 个月必须是高产者，蛋用型鹌鹑年产蛋率在 80% 以上，肉用型鹌鹑产蛋率在 75% 以上。蛋重选择要符合品种标准。仔鹑的体重也必须按期达标。种公鹑除了要考虑配种能力与效果外，还要根据全同胞和半同胞姐妹的生产成绩来选择。

4. 后裔鉴定

根据后裔各方面的表现情况来评定种鹑的好坏，多用于种公鹑的鉴定，是评定种鹑最为可靠的方法。一般采用后裔与亲代、后裔之间及后裔与生产群之间比较 3 种形式。鉴定时注意事项如下。

1）与配种母鹑要一致。为了减少与配种母鹑的差异，可以采用随机交配的方法，或者组成类似的母鹑群与不同公鹑进行交配。

2）饲养条件大体相同。被测公鹑的后代尽可能在相似的环境条件下饲养，减少环境条件造成的后代间差异，同时后代与亲代之间在饲养管理上要尽可能一致。后裔测定除了要考虑生产成绩外，还要全面分析其体质外形、生长发育、对环境适宜性及有无遗传缺陷等。

5. 综合鉴定

综合鉴定是指在上述 4 项鉴定基础上，根据种鹑品种和品系的实际成绩，对照各项指标，进行综合比较和分析。有条件的养殖场可以利用软件进行选择和淘汰。

二、掌握种鹑的选择方法

1. 种公鹑的选择

种公鹑选择的原则：体壮胸宽，眼睛大小适中，颈细长，头圆，嘴短有力，肌肉丰满，脚爪无畸形，羽毛颜色较深，爱鸣叫，啼声洪亮，活泼好动；肛门呈深红色，用手轻轻挤压有白色泡沫状物出现；孵化 50 天，体重达到 120 ~ 300 克。

2. 种母鹑的选择

种母鹑的选择原则是体大健壮，头小而圆，喙短而结实，眼大有神，活泼好动，颈细长，体态匀称，羽毛色彩光亮，胸肌发达，皮薄腹软，觅食力强，耻骨与胸骨末端的间距 3 指宽，左右耻骨 2 ~ 3 指宽，体重达到 130 ~ 150 克。如有条件，可统计开产后 3 个月的平均产蛋率，达到 85% 以上者为选留标准。表现不好的种母鹑应坚决淘汰，作为商品肉鹑处理，或专门用于产商品蛋。种蛋要求颜色鲜艳，斑点明显，且斑点中等大小。

三、掌握种鹑的配种技术

鹌鹑的选配有同质选配和异质选配两种。同质选配主要用于保种和家系繁育，稳定其遗传特性。异质选配主要用于商品杂交鹌鹑生产和杂种优势利用等。种鹑一般选用同质选配，为了保持鹑群的优良特性，稳定其遗传性能，常采用性能相同、血缘相近的雌雄交配或近交繁殖等方法选配。

1. 配种年龄和利用年限

母鹑出壳后 40 ~ 50 天开产，开产后即可配种。种公鹑 90 日龄、种母鹑开产 20 天后配种，配种 7 天留种蛋。种公鹑最佳利用年限为 4 ~ 6 月龄，种母鹑最佳利用年限为 3 ~ 12 月龄。

2. 公母配种比例

公母鹑配种要有比较适宜的比例，一般以 1:（2 ~ 3）为宜，通常以种公鹑 2 ~ 3 只、种母鹑 6 ~ 9 只为一群。公母鹑配种比例是保证种蛋受精率的关键之一。

【提示】

种公鹑的配种能力根据品种、年龄、季节、饲养条件和配种方法的不同，会有较大的差异，要根据不同品种选择适宜的比例。

3. 配种季节

如果饲养管理条件好，一年四季鹌鹑都可以进行交配繁殖。在自然环境条件下，配种以春、秋季为佳，春季配种一般在 3 ~ 5 月，秋季在 9 ~ 11 月。春、秋季配种，种鹑的受精率和孵化率均较高，也有利于雏鹑的生长发育。

4. 配种方法

鹌鹑目前均采用自然交配方式配种，使用最普遍的是大群配种和小间配种。为了育种需要，有的养殖场也使用人工辅助交配和同雌异雄轮配的方法。

（1）大群配种 大群配种根据母鹑数量按照比例配备公鹑，使每只公鹑和每只母鹑都有机会自由组合交配。笼养种鹑多采用此种方法。这种方法受精率高，但是系谱不清，仅适用于商品鹌鹑养殖场。

（2）小间配种 小间配种是将 1 只公鹑和 2 ~ 3 只母鹑放在一个笼内。这种方法可以明确地知道雏鹑的父亲，缺点是受精率低于大群配种。

（3）人工辅助交配 1只公鹑单独饲养，定时将母鹑放入，公鹑交配后取出。为了保证较高的受精率，每只母鹑至少2天交配1次。但要注意种公鹑1天最多只能交配4次。该方法的优点是充分利用优秀公鹑，缺点是容易漏配，人力和金钱耗费较大。

（4）同雌异雄轮配 此方法是使用1只公鹑交配1只母鹑，连续配2周后取出，间隔3天，即第3周的第4天放入第2只公鹑。这样可以轮配下去。该方法主要适用于优良母鹑少的情况，其优点是通过后裔鉴定可选出2只种公鹑的优秀者。

5. 配种原则

种鹑配种时，一般以小日龄公鹑配较大日龄的母鹑。若用1只公鹑与2只母鹑交配，最好其中一只母鹑是有过交配经验的，这样可以促使另一只母鹑很快学会交配。

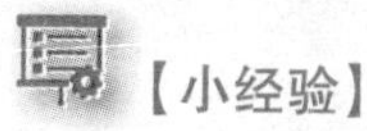

【小经验】

鹌鹑的配种时间最好选择早晨第一次饲喂之后，因傍晚进行交配会因为母鹑即将产蛋，发生拒配现象。

四、了解鹌鹑繁育方法

鹌鹑的育种方法主要分为纯种繁育和杂交育种两种。纯种繁育是指在同一品种内繁殖选育，目的是把理想的种鹑选留下来。为了加速纯种繁育的进程，可在同质选配的基础上，适当采用近交繁殖，可以有效地保持鹑群的纯度，但这种方式后代的生活力降低，一般不超过3代。

杂交育种是应用不同品种或不同品系的种鹑进行杂交的育种方法。杂交育种的后代可将亲代的优良特性结合在一起。这种在后代的身上表现出来的优势，称为杂种优势。杂交育种有经济杂交和轮回杂交两种方式。

1. 经济杂交

经济杂交是用2个或2个以上品种或品系的鹌鹑杂交，将获得的杂交种用于商品生产。经济杂交分为简单经济杂交和复杂经济杂交。

简单经济杂交也称为二元杂交和引入杂交，是利用2个品种的母鹑进行杂交，获得一代杂交种（F1）。获得的杂交种只能用于商品生产，并不能作为种用。复杂经济杂交是利用3个或3个以上品种进行杂交，获得的杂交种用于商品生产。

配套系又称专门化品系，指生产商品用杂交种的配套杂交组合中的品系，如白羽鹌鹑自别雌雄配套系和黄羽自别雌雄配套系。

人工培育的自别雌雄配套系生产的商品杂交鹌鹑（1日龄）可根据毛色鉴别雌雄。父本用隐性白羽公鹑，母本用栗色羽母鹑，交配后产生的F1代1日龄雏鹑，浅黄色的为母鹑，栗色的为公鹑。这样就可以在鹌鹑出壳后根据毛色区分出公母，获取更好的生产效益。

不同品种和品系的鹌鹑按照一定的模式杂交配套，经配合力测定，选出最优秀的杂交组合，生产高产的商品杂交鹌鹑，称为杂交配套。例如：

隐性白羽公鹑×栗色羽母鹑

↓

F1（浅黄色的母鹑、栗色的公鹑）

如果以隐性白羽做母本，栗色羽做父本，则F1代1日龄雏鹑全为栗色，不能自别雌雄。

2. 轮回杂交

轮回杂交是先用1个品种的公鹑和当地母鹑进行杂交，在所得的一代杂交种中选留部分优秀的母鹑，再与第2个品种的公鹑进行杂交，在二代杂交种中又选留部分优秀的母鹑与第3个品种的公鹑进行杂交，然后在杂交后代中选一部分优秀的母鹑，再与第1个品种的公鹑进行杂交。这种杂交方式会保留亲代的优良特性，并具有丰富的遗传性、很强的生活能力和一些有益的性状，从而获得更大的杂交优势和经济利用价值。

第三章 掌握鹌鹑的孵化技术，向良雏要效益

第一节 做好种蛋的选择、保存、运输和消毒

一、掌握种蛋的选择与保存技术

1. 种蛋的选择

种蛋的选择是饲养鹌鹑的重要环节，种蛋品质的好坏可以影响孵化率和幼鹑的强弱。种蛋的选择要求如下。

1）种蛋应该选自健康、血缘清晰的高产鹑群，以保证是无传染病的蛋。种蛋应为种母鹑 70～300 日龄所产的蛋。

2）种蛋和蛋形指数一定要符合品种要求。种蛋匀称，蛋形指数以 1.3～1.7 为宜，蛋用鹌鹑蛋重 9～12 克，肉用鹌鹑蛋重 13～16 克。蛋重过大，孵化率会下降；如果蛋重太小，雏鹑体重相应就会小；如果蛋重相差悬殊，则会出现出雏不齐的现象。

3）种蛋品质要新鲜，蛋壳结构致密、坚硬、厚度适当、色泽明亮。种蛋的保存时间越短，孵化率就会越高。冬季种蛋保存的时间一般不超过 10 天，夏季不超过 7 天，切忌将脏的种蛋入孵。初产的鹌鹑蛋较小，不能做种蛋，一般开产 3～4 周后的蛋作为种用。

4）选择种蛋的时候剔除白壳蛋和茶褐色壳蛋，这两种蛋为早产蛋和病鹑产的蛋。

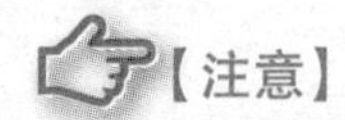
【注意】

母鹑交配后最初所产的蛋不作为种用，配种7天后所产的蛋才能作为种用。

2. 种蛋的保存

种蛋应该保存在通风良好、温度为10～15℃、相对湿度为65%左右的环境中。种蛋保存时注意不能有冷风直吹或阳光直射，不能堆放；要防好鼠害和虫害；摆放时，大头朝上，小头朝下；要防止种蛋震动；保存时间以5～7天最为适宜，如果种蛋保存超过7天，每天要翻蛋一两次。有条件的养殖场可以建设种蛋库，种蛋库在存放种蛋前要进行严格的消毒处理。

二、掌握种蛋的运输方法

鹌鹑蛋壳比较薄，运输前应注意包装。鹌鹑种蛋运输过程中要做好防止振荡、防雨、防压、防寒等工作，温度应不低于0℃，不高于30℃。运输时间越短越好，用于运输的种蛋最好是近1～2天的新鲜蛋。

【小经验】

一般采用泡沫塑料打洞的方式运输种蛋，此方法既便宜又简单。

三、掌握种蛋的消毒方法

为了防止种蛋污染，控制某些疾病和消灭病原，必须对种蛋进行严格的消毒。常用的消毒方法有福尔马林熏蒸消毒、福尔马林浸泡消毒、新洁尔灭溶液浸泡消毒和新洁尔灭喷洒消毒等。

第二节　掌握人工孵化的条件

一、充分了解孵化前的准备工作

在孵化前需要对孵化器进行调试，在调试时需注意控制器工作是否正常，保证门表的温度与控制器电子显示器上显示的温度差要小于1℃，并且无论高温低温还是高湿低湿都要保证在说明书上的指标内。要仔细检查加湿器转轮和翻蛋系统，检查转动的部分是否正常，避免卡住，检查风扇转动的方向是否和说明书上的一致。此外，还要检查辅助设备是否正常。

孵化室（图3-1）和孵化器具要根据气候的变化和疫病的流行趋势进行定期或者不定期的清洗消毒。

孵化间隔时间的安排、工作人员的调配等要合理安排，以最大限度地提高设备的利用率和劳动生产率。此外，要根据需要制定一些孵化记录表格，把每次孵化的情况记录到表格里，最后对表格进行总结。

图3-1 鹌鹑孵化室

二、掌握鹌鹑的孵化条件

1. 温度

只有在适宜的温度条件下才能保证鹌鹑胚胎的正常物质代谢和生长发育。温度过低或过高都会影响胚胎的发育。如果温度低于26℃，胚胎就不能发育；如果温度高于41℃，胚胎将受热而死亡。一般情况下，在孵化初期要求温度较高，孵化后期温度相应低一些。可根据季节适当调节孵化温度。大型养殖场使用立体孵化机或房间式孵化机，每隔5天入孵一批，并采用恒温孵化。当入孵第一批鹌鹑蛋时，保持恒温37.8℃，第15～17天移蛋到出雏盘，温度为36.7～37.2℃。如果整批入孵，则采用变温孵化，第1～5天温度为38.9～39.2℃，第6～10天温度为38.6～38.9℃，第11～15天温度为38.3～38.6℃，第15～17天温度为36.7～37.2℃。孵化室内的温度也会影响孵化器的温度，因此孵化室的温度要求平稳，最好保持在20～25℃，应不低于15℃。

2. 湿度

湿度对胚胎的发育影响很大。若湿度过高，会阻碍种蛋内水分蒸发，胚胎发育会受到影响，孵化出来的雏鹑精神较差，饲养困难；若湿度不足，会影响到胚胎的正常代谢，胚胎和胚膜容易粘在一起，造成出壳前破壳和脱壳困难，即使出雏，雏鹑一般也会出现弱小、干瘦等现象。

出雏前应该提高湿度。因为有足够的湿度可使蛋壳的碳酸钙变成碳酸氢钙，壳变脆，易出雏。在整个孵化过程中，尽量保持胚胎发育不同阶段的最适宜湿度，孵化前期（第1～5天）为60%～65%，中期（第6～14天）为50%～55%，后期（第15～16天）为65%～70%。

3. 通风换气

在孵化的不同阶段，通风换气的要求是不同的，前期少量的气体交换就可以满足胚胎的生长发育需要，通气孔可小一些，随着孵化天数增加，通气孔要逐渐调大。如果通风换气不及时，会导致胚胎代谢发生障碍，碳酸含量过高，造成胚胎发育停止，出现畸形，严重的会引起中途死亡。一般原则是孵化前8天要定时换气，8天后要经常换气。

【注意】

在孵化器中出雏时，看到有破壳出雏后，应将通气孔全部打开，加强换气。

4. 翻蛋

人工孵化时，必须定期翻蛋，这样可使种蛋各部位受热均匀，有

利于胚胎发育，也有助于胚胎运动，并可避免胚胎与蛋壳粘连。现在机器孵化一般设置为2小时翻蛋1次。

【注意】

鹌鹑出雏前2～3天要停止翻蛋。

5. 晾蛋

晾蛋是指种蛋孵化到一定时间或在一定条件下，将种蛋放置于25℃的室温中。晾蛋让蛋获得更多的新鲜空气，促进新陈代谢，加强血液循环，提高胚胎的体温调节能力，增加胚胎的生命力，逐渐增加雏鹑对外界气温的适应能力。

晾蛋的方法可根据孵化时间和季节确定。中期胚胎和寒冷季节的胚胎要注意保温，晾蛋时间不宜过长；孵化后期的胚胎及天气炎热时要增加晾蛋的时间。如果采用机器孵化，因机器孵化可以进行定时翻蛋，可不进行晾蛋。

【注意】

晾蛋时间一般为5～15分钟。每天定时晾蛋2～3次。

第三节　做好孵化期的管理工作

一、孵化管理

1. 种蛋预热

鹌鹑种蛋预热不到位会大大影响胚胎的健康发育。预热方法是将种蛋从蛋库内（10～15℃）取出，缓慢增温。

【提示】

在种蛋分批入孵时，一定要做种蛋预热处理。这样不仅可缓解孵化器内温度骤然下降的现象，也可避免对其他批次种蛋孵化效果产生影响。

2. 选择合适的种蛋入孵时间

为了方便孵化管理，最好将预热的种蛋在 14:00 入孵。这样可使雏鹑的出壳时间集中在白天。当采用分批入孵的方法进行种蛋孵化时，一般以间隔 7 天或 5 天入孵 1 次为宜。

【注意】

种蛋入孵时，最好将新批次种蛋蛋盘穿插在以前批次的中间，以利于温度的调节。

3. 选择照蛋方法

主要使用照蛋器进行照蛋。照蛋的目的是了解鹌鹑胚胎的发育情况，检查出无精蛋与死胚蛋。此方法简便，效果准确。

（1）头照　在孵化后 4～5 天进行。发育正常的受精卵可见血管分布如蜘蛛网状，颜色发红；无精蛋可看到蛋黄影子，无血管；死胚蛋看到不规则血圈，没有放射状血管，胚胎很小，甚至仅是一个小黑点。

（2）二照　在孵化的第 14 天进行，活胎发育很大，看到动的胚胎，在大端气室下或小端看到较粗血管。死胚蛋仅能看到部分发育的胚胎，小而无血管。死胚蛋应及时剔除。第 17 天大量出壳时，要及时拣出雏鹑和蛋壳。鹌鹑胚胎发育的主要外部特征见表 3-1。

表 3-1　鹌鹑胚胎发育的主要外部特征（蛋用鹌鹑）

孵化天数	发育特征
第 1 天	胚胎发育变大，四周隐约可见血丝，胚盘长径为 0.7～1.3 厘米
第 2 天	胚盘四周和中部均出现血丝，胚盘最长径为 1.3 厘米
第 3 天	胚胎出现，透明状，自然长度为 0.5 厘米
第 4 天	胚胎继续变大，自然长度为 0.8 厘米，眼睛已经明显，头部明显增大，整个胚胎呈低头弯曲的状态
第 5 天	眼的色素开始沉着，胚胎极度弯曲，自然长度为 1 厘米，双脚已开始形成
第 6 天	眼已经明显变黑，头部与身躯明显分化，腿部变长，翅膀长出。头部占整个胚胎的 2/5，自然长度为 1.3 厘米

（续）

孵化天数	发育特征
第7天	胚胎继续发育，自然长度为1.6厘米。整个胚胎看起来非常清晰，喙已经形成
第8天	背部出现绒毛，由颈部向尾部出现一条由小黑点组成的纵向带，这些小黑点为羽根。胚胎自然长度为1.9厘米。脚趾完全分离
第9天	绒毛变长，除头部外，身体的其他部位均长出绒毛、羽根。胚胎自然长度为2.2厘米
第10天	头部开始长出绒毛，身体其他部位被绒毛覆盖。胚胎自然长度为2.5厘米。喙和足已经角质化。眼被眼睑遮蔽
第11天	胚胎自然长度为2.3厘米，整个身体被绒毛覆盖，胚胎开始转身，头转向气室
第12天	外表已似初生雏，胚胎变大，自然长度为2.9厘米
第13天	胚胎自然长度为3.1厘米，继续发育
第14天	胚胎自然长度为3.3厘米，继续发育
第15天	喙进入气室，开始肺呼吸，尿囊血管枯萎，部分蛋黄与脐部相连，胚胎自然长度为3.5厘米。开始啄壳
第16天	大量啄壳，蛋黄吸入，并出现叫声
第16.5天	雏鹑将气室附近啄成圆形的破口，然后伸展头脚，开始出雏
第17天	大批出雏

4. 控制孵化温度和湿度

目前鹌鹑养殖场多为全自动孵化器，可以自动显示孵化器内的温度和湿度。孵化时需要注意孵化器内各部位温差不能超过±0.2℃，湿度差不能超过±3.0%。对已设定好的温度和湿度指示器，轻易不要调节，只有在温度和湿度超过最大允许值时，方可进行适当调整。当孵化器报警装置启动时，应立即查找原因并加以解决。调节孵化器内湿度的方法是采取增减孵化器内的水盘，向孵化器地面洒水或直接向孵化器内喷雾等方式。

5. 断电处置

孵化过程中万一发生停电或孵化器故障时，应采取相应措施。当外部气温较低，孵化室温度在10℃以下时，如果停电时间在2小时以内，可不做处置；如果时间较长，应采取其他方法加温，使室温达到21～27℃，适当增大通风孔并每半小时翻蛋1次。当外部气温超过30℃，孵化室温度超过35℃时，若胚龄在10日龄以内时可不做处理，若胚龄大于10日龄时，应部分或全部打开通风口，适当打开孵化器门，每2小时翻蛋1次。

【提示】

在孵化过程中断电时，应经常检查孵化器顶层蛋温，并调节通风量，以免造成烧蛋等不良后果。

二、出雏管理

1. 落盘与出壳时间

鹌鹑养殖场要根据实际情况，选择合适的种蛋落盘方式。生产群种蛋落盘时，只需将种蛋移到出雏盘即可，而家系配种的种蛋，则应将同一母鹑所产种蛋置于一个网袋中，并注明相关信息，同时必须按个体孵化记录的顺序进行，以免出现差错。

【注意】

鹌鹑种蛋孵化至17天时，会开始出现大量雏鹑啄壳现象，应注意时刻加强观察。

2. 拣雏程序操作要求

当出雏器内的种蛋有30%以上雏鹑出壳时，开始进行拣雏程序。拣雏动作要迅速，同时还应拣出空蛋壳，每4小时拣雏1次。对家系配种的种蛋，应按不同的网袋进行一次性拣雏，并放置在不同的容器内，同时还应做好相应的标识及相关信息的登记。

【提示】

生产群配种的雏鹑拣出后做好数量记录即可，配种的雏鹑应进行统一拣鹑，并放置在标记完整的适当容器中。

3. 做好清扫与消毒

出雏完成后必须对出雏器和其他用具进行清洗、消毒，具体方法

是对出雏器、出雏盘、水盘等进行彻底清洗后，用高锰酸钾和福尔马林熏蒸消毒30分钟。

4. 做好孵化记录

孵化记录中应包括温度、湿度、通风、翻蛋等管理情况，照蛋、出壳情况，以及鹑雏健康状况等，并计算受精率和孵化率等孵化生产成绩。做好孵化记录是鹌鹑出雏期管理的重要步骤。

第四节　鹌鹑孵化管理的误区

鹌鹑养殖场孵化工作的关键是获得优良种鹌鹑和商品鹌鹑，需避免以下问题。

一、孵化技术了解不足

部分鹌鹑养殖场孵化人员粗心大意，没有做好及时观察和管理孵化器温度、湿度等工作，轻者影响雏鹑成活，严重时会导致胚胎死亡。还有部分养殖场只重视孵化器温度，而忽视孵化室温度，孵化室的温度也会影响孵化器的温度，因此孵化室也要保持干燥，但也不要为了提高孵化器的温度而盲目地提高孵化室的温度。孵化室的温度以20～25℃为宜，相对湿度以60%～70%为宜。

通风是很多鹌鹑养殖场在孵化管理中容易忽视的问题。孵化室和孵化器的通风措施不当，会发生死胚多、畸形鹌鹑多的现象。目前，鹌鹑养殖场多采用机器孵化，没有特殊情况，一般无须晾蛋，但温度异常时需晾蛋。晾蛋时间应根据外界的气温和不同孵化期确定，一般孵化初期及冬天，晾蛋时间不宜过长，孵化后期及夏天，晾蛋时间要稍长，当蛋温下降到35℃时应立刻停止晾蛋。

鹌鹑在孵化过程中，未及时进行照蛋工作，出现部分鹌鹑蛋破裂而污染其他种蛋的现象，或未注意孵化室温度，照蛋时间过长，使蛋温骤然下降，导致孵化率受到影响。还有大部分养殖场认为必须进行2次照蛋，这是照蛋的误区。如果种蛋的受精率在90%以上，可不必进行照蛋。头照时如果种蛋受精率很高，可不进行二照。这样既可以减少种蛋的破损率，又可以节约劳动力，孵化质量也不受影响。

落盘蛋数不可太少，太少温度不够，但也不能过多，过多容易造成热量难以散发及新鲜空气供应不足的问题，从而导致胚胎热死或闷死。如果出现温度不够高的问题，可在种蛋上加盖棉毯来提高温度。夏天温度保持35℃，冬天保持36℃为宜。

二、出雏方式不当

鹌鹑出雏时，未及时将出壳的雏鹑拣出，会导致雏鹑死亡，从而减少经济效益。当出雏超过50%时，应将已出壳的雏鹑拣出，防止尚未孵化出雏的胚蛋受到干扰。取出的雏鹑不能突然放在冷的地方，应将其放在预先准备好的保温育雏箱内或笼内，让其充分休息和恢复体力。如果雏鹑要进行外运，应将其装入运输专用箱内，并及时运出。无论育雏箱内还是运输专用箱内，都不能铺垫光滑的纸类，而要用麻袋布或粗棉布等材料做垫料。这是因为雏鹑在光滑表面上难以站稳，两脚极易打滑叉开，时间久鹌鹑的脚就会变成畸形。

鹌鹑孵化过程中也要注意断电情况，若未及时处理，也会造成大批雏鹑死亡，从而降低经济效益。

第四章
搞好鹌鹑饲养管理，向管理要效益

第一节　掌握种鹑饲养管理技术

一、了解鹌鹑蛋形成的特点和产蛋规律

1. 鹌鹑蛋形成的特点

鹌鹑蛋的蛋黄和胚珠在卵巢上形成。性成熟后母鹌鹑的卵巢上分布有数千个可发育成卵黄的滤泡。滤泡生长到一定程度，滤泡缝痕破裂，卵黄排出。排出的卵黄掉入或纳入输卵管伞部，公、母鹑交配后，蛋黄表面的卵子和精子在输卵管伞部完成受精过程。随着输卵管的收缩和蠕动，蛋黄旋转下行到蛋白分泌部形成系带、系带层蛋白、内稀蛋白、外浓蛋白和外稀蛋白。输卵管峡部形成内、外蛋壳膜。子宫部主要形成蛋壳、蛋壳色素、色斑和胶护膜。阴道是鹌鹑蛋产出的通道。鹌鹑蛋在输卵管中形成需 20 ~ 24 小时。

2. 鹌鹑产蛋规律

鹌鹑为性成熟早的动物，产蛋量多。鹌鹑每天产蛋时间主要集中在午后及 20:00 前，15:00 ~ 16:00 为产蛋高峰时间。因此，一般多在早晨集中收蛋 1 次。高产鹌鹑全年平均产蛋率优秀者可达 80% 以上。鹌鹑全年产蛋率分布情况见表 4-1。

表 4-1　鹌鹑全年产蛋率分布情况

产蛋月份	1 月	2 月	3 月	4 月	5 月	6 月	7 月	8 月	9 月	10 月	11 月	12 月
产蛋率（%）	80	95	90	90	85	85	80	80	75	75	70	65

二、了解鹌鹑产蛋期特点

1. 体重继续增长

鹌鹑开产后体重继续增长，直到开产后的7～14天增长速率才逐渐减慢。鹌鹑开产到产蛋高峰期之间要保证饲料供给充足，管理要更加精细，以保证产蛋率。

2. 环境反应敏感

初产的鹌鹑精神兴奋，消化系统、生殖系统和神经系统之间的协调性较差，对环境的反应比较敏感，极容易引起难产、脱肛和啄癖等不良症状。因此，产蛋期鹌鹑舍内要保持安静和稳定。鹌鹑产蛋期间对光照时间变化反应也比较灵敏，缩短光照时间会引起产蛋量下降。鹌鹑产蛋期间每天保证光照16～18小时，光照强度为2瓦/米^2（1瓦/米^2≈683勒）。

3. 新陈代谢旺盛

鹌鹑开产后，耗料量增大，所以对饲料要求高，需要饲喂高能量、高蛋白的日粮，特别是饲料中钙的含量要充足，钙磷比例适当，如果钙的含量不足，会使鹌鹑产蛋量下降，软皮蛋和破壳蛋增多。

三、掌握产蛋期的饲养原则

种鹑及商品产蛋鹑的饲养原则基本相似。

1. 日粮

种鹑的饲料要根据产蛋率、气温、换羽、休产等情况对日粮进行适当调整，要注意蛋白质含量和氨基酸的平衡。鹌鹑饲养到9～10周龄时，要加强营养，以保持后期较高的产蛋率。随着日龄的增加，产蛋量正常下降时，日粮中蛋白质和氨基酸水平要适当减少，以便在高产水平的基础上，尽量节省饲料费用。

2. 饲喂方法

鹌鹑的饲喂次数根据季节和产蛋率的高低决定。一般每天饲喂产蛋鹌鹑4次。在春季产蛋旺季，夜间可加喂1次。饲喂时要坚持定时、定量、少喂勤添的原则。饲喂时不可中断饮水。产蛋鹌鹑每只每天消耗配合饲料25～30克，笼养鹌鹑在配合饲料中必须加入不溶性沙砾，一般加入量为饲料量的2%。产蛋期鹌鹑的饲喂料有干粉料和半湿料两种。干粉料饲喂方便，但适口性差，适合大群饲养。半湿料的优点是适口性好，缺点是费时，不容易贮存，一般小型养殖场可采用此种方法饲喂。

四、掌握产蛋期的管理技术

1. 产蛋鹑的日常管理技术

（1）转群　育成母鹑饲养至35～40日龄时，2%左右已开产，应及时转群。转群最好在夜间进行，并及时供应饮水和种鹑饲料，保持环境安静。在转群的同时，按种鹑要求再进行一次严格筛选。

（2）保持良好的环境　鹌鹑对环境特别敏感，所以饲养鹌鹑的人员应该尽量固定，操作时应轻而稳，尽量减少进入舍内的次数，不要在舍内大声喧哗，同时也要注意外界环境的变化。

（3）加强卫生防疫　在鹌鹑产蛋期要保持鹌鹑舍的内外环境卫生，定期消毒，经常刷洗饲喂用具，及时处理鹌鹑舍周围的垃圾等。

（4）做好日常记录工作　鹌鹑产蛋期记录的内容包括存活数、产蛋量、产蛋率、破蛋数、软壳蛋数、耗料量、死淘数、舍温、消毒和用药时间等，有条件的养殖场最好每周统计1次，特别是要及时汇总和分析产蛋率，以便及时发现问题。

（5）强制换羽　自然换羽时间长，换羽慢，产蛋少且不集中。一般利用鹌鹑第2个产蛋周期，实行人工强制换羽。实施方法是停料4～7天，人为变换黑暗环境，迫使产蛋鹑迅速停产，鹌鹑会脱落羽毛，然后，逐步加料使之迅速恢复产蛋。从停止饲养到恢复开产仅需20天时间。此期间饮水不可中断，且要淘汰病弱鹌鹑。

2. 做好产蛋鹑的环境控制

鹌鹑对周围的环境比较敏感，容易引起应激反应，产蛋鹌鹑如果受到惊吓，会产软皮蛋，难产或产蛋量下降，但是适当悦耳的音乐可以促进鹌鹑产蛋。

（1）温度　产蛋期鹌鹑舍内的适宜温度为22～25℃，如果温度低于15℃，会影响产蛋率，低于10℃，鹌鹑会停止产蛋。鹌鹑虽然可耐受高温，但是长期处于高温状况下，产蛋率也会明显下降。因此，产蛋鹌鹑在饲养过程中，冬季要加强保暖，夏季要做好降温的工作，同时要降低饲养密度。

（2）湿度 湿度也是影响鹌鹑产蛋的主要因素之一，湿度过大会促使大量的微生物繁殖滋生，影响鹌鹑的健康。鹌鹑舍内适宜的相对湿度为50%～55%。

（3）通风换气 鹌鹑是饲养密度比较大的禽类，同时产蛋鹑的新陈代谢比较旺盛。母鹑的粪便中含有的氮、磷、钾比较高，分解产生的氨气、硫化氢和呼出的二氧化碳等有害气体的浓度大，对鹌鹑和人的健康都有影响。因此，必须注意通风换气，夏季的通风量要保证每小时3～4米^3，冬季为每小时1米^3，但是要避免穿堂风。

（4）光照 光照是影响产蛋率的因素之一，合理的光照可使母鹑早开产，可以提高产蛋量。在鹌鹑产蛋率达到5%时，光照时间要从每天14小时增加到16小时，每次增加的幅度为15～30分钟。光照一般以自然光照为主，辅助人工光照。电灯光照一般要求不超过4瓦/米^2，注意夜间8小时最好采用弱光光照。鹌鹑产蛋期的光照原则是光照时间不能缩短，光照强度不能减弱。不同颜色的光照对鹌鹑的产蛋也有一定的影响，鹌鹑产蛋期最好的光照光为红光和紫外光。

（5）密度 产蛋期鹌鹑的饲养密度要根据气温、品种、鹌鹑舍与笼具结构、饲养方式等因素确定。一般笼养的条件下，每平方米可养殖产蛋鹌鹑20～30只。饲养密度的原则是单层饲养可密，立体饲养可稀，上层笼要比下层笼稀，气温高时要比气温低时稀。

第二节 种鹑饲养管理误区

一、选种选育时系谱登记存在误区

拥有良好的种源，才可获得优良的后代，只有科学规范地选择和培育种鹑，才能提高整个养殖场的生产性能。部分鹌鹑养殖场种鹑选择不规范，不重视系谱的记录，甚至没有系谱，导致近亲繁殖，使鹌鹑养殖场的繁殖效果变差。

不规范的系谱记录，不仅起不到相应的作用，还会增加工作量，导致浪费，所以要做好系谱登记，需做好公、母鹑编号和育种笼蛋编号。

1. 成年公、母鹑编号

成年公、母鹑编号的简单做法是在鹌鹑右翼膜上带上金属翅号或塑料翅号，或在右胫部夹上脚号。记号上需记有品种、品系、家系的代号和本身编号。

2. 系谱育种笼蛋编号

系谱育种笼蛋编号是在每一个系谱育种笼中，在每天收下的蛋上标记日期、母鹑号，将每周产的蛋按顺序排列在孵化机孵化盘内，同时与其他鹌鹑蛋隔开。在落盘出雏时，将同一母鹑号的鹌鹑蛋放置在铁丝笼或尼龙网袋内，或用木板隔开的出雏盘内，用硬纸卡片写上母鹑号，放置在上述系谱出雏处。雏鹑出壳干毛后，即把金属标记或塑料标记戴在雏鹑的右脚上，并做好初生雏鹑的登记工作，如鹌鹑的家系号、母鹑号、出生日期、初生重、孵化率和健雏率等。

二、饲养管理不规范误区

有的鹌鹑养殖场对种鹑的饲养管理不规范，主要包括以下几个方面。

① 饲喂方式不稳定。鹌鹑养殖场无论饲喂干粉料还是湿粉料，都要保证饲喂方式相对稳定，傍晚时料要充足，饮水不能中断。

② 光照时间不足。鹌鹑产蛋期，光照不可缩短，每昼夜保证达到 18 小时光照，直至鹌鹑被淘汰为止，也可采用每昼夜 14 ~ 16 小时强光照，其余为弱光照的方式。

③ 不按照鹌鹑的适宜公母比例养殖，随意加大母鹑比例，致使孵化率下降。

④ 没有适当地对母鹑进行限饲，致使母鹑过于肥胖，影响产蛋。

⑤ 在饲养管理中未按照时间段进行分群饲养，或在养殖过程中没有自动饮水器，而采用人工喂水，出现喂水不及时的现象，严重影响种鹑的繁殖性能。

⑥ 舍不得淘汰种鹑。因种鹑的年龄与受精率、孵化率相关，所以应选留最佳鹌鹑进行育种，不要舍不得淘汰。

在鹌鹑饲养中一些养殖者常常忽视养殖场的清洁卫生，导致疾病和死亡的现象时有发生。为避免这类现象的发生，要做到食槽和饮水器每天清洗 1 次，粪便每天清理，舍内每周消毒 1 次，做好防止鼠、鸟、蚊蝇侵扰的措施。饲养条件也要保持相对稳定，环境要保持安静，避免人为制造各种应激因素。

大型养殖场的日常记录和统计报表工作做得比较系统，但部分小型养殖场认为日常记录和统计报表没有实际用途，从而不做或做得较粗糙。日常记录可为养殖过程中出现问题提供直观的数据支撑，所以做好日常记录和统计报表非常重要。

第三节　掌握雏鹑饲养管理技术

一、了解雏鹑的生理特点

了解雏鹑的生理特点是做好雏鹑养殖的首要条件。雏鹑的生理特点主要有以下几个方面。

1）雏鹑出壳后腹腔内留存有未被吸收完的卵黄，可以满足雏鹑 1～2 天的营养需要，因此雏鹑出壳后 1～2 天是最佳的雏鹑运输时机。在此时间运输，雏鹑不需要喂食和喂水，可降低死亡率。为了促使雏鹑对卵黄的吸收，在育雏前 15 天要保证适宜的温度，如果孵化条件不适宜，或出雏器消毒不彻底，均可引起雏鹑卵黄吸收不良，并发生脐部感染发炎、大肚子、钉脐和血线等症状，从而降低育雏成活率。

2）雏鹑出壳时体重很轻，只有 7～8 克。雏鹑的体表散热面积大，神经调节机能和生理机能不健全，几乎不具有调节体温的能力。一般 3 日龄前雏鹑平均体温比成年鹑低 2～3℃，平均体温为 39℃，1 周后接近或达到成鹑体温。所以对雏鹑进行人工保温很重要。

3）雏鹑具有胆怯和对外界环境反应敏感的习性，还有模仿采食和饮水的本性。因此，雏鹑应尽可能在笼内饲养，笼网结构要设计合

理，避免损伤雏鹑。雏鹑的饲养环境要相对稳定和安静，饲养员要尽可能多地接触雏鹑，以降低雏鹑的恐惧心理，使雏鹑形成良好的与人相处的习性，这样做有利于整个饲养期的饲养管理。

4）雏鹑嗉囊和肌胃容积小，消化能力较差。雏鹑喜食粒料，所以饲料粒度要适合雏鹑采食。饲喂配合饲料时应选择容易消化的原料。因为饲料在雏鹑体内存留时间较短，所以应勤喂或使其在加长光照时间条件下进行自由采食。

5）雏鹑在光线暗时，容易发生挤堆，严重时会发生死亡现象。因此，雏鹑饲养时应加强光照，防止雏鹑畏惧逃跑、挤压成堆造成不必要的伤亡。

6）雏鹑的抗病能力较强，但也会被一些禽类疾病感染。在饲养管理中注意在饲料中添加预防性药物和按时接种疫苗，增强雏鹑机体的免疫力。

7）雏鹑的生长发育迅速，新陈代谢旺盛。雏鹑初生时体重一般为7~8克，42日龄体重即达110~240克，体重增加了15~30倍，因此需要供给充足的营养，并提供相对稳定的饲养环境。

8）雏鹑基本没有自卫能力，极易受到鼠、猫、狗等小动物的侵害，所以育雏舍要有防卫设施。

二、做好育雏前的准备工作

为了做好育雏工作，育雏前的准备工作是必不可少的。

1. 育雏舍清扫、冲洗、维修和消毒工作

育雏前需要先将育雏舍内的杂物清扫干净，用高压水龙头或清洗机对舍顶、墙壁和地面进行全面冲洗；然后要检查和维修好排风口、进风口、门窗等部位，防止育雏期间老鼠及其他动物进入；最后进行消毒处理。

2. 育雏笼维修、清扫和清洗工作

育雏前先将育雏笼进行彻底的清扫和清洗，将笼网的杂物清理干净，然后用水冲洗。承粪板清洗干净后要进行浸泡消毒。检查育雏笼，并进行维修。清洗和消毒料盘、料筒、料槽、饮水器、水槽及其他饲养用具。

3. 检查电路、通风系统和供温系统

育雏前要认真检查育雏室的电灯、电热装置和风机等的运转情况，如果发现异常，应及时维修，避免雏鹑进舍后发生意外；认真检查各种接头，防止出现接头漏电和电线缠绕交叉等情况；检查进风口处的挡风板和排风口的百叶帘，清理灰尘和绒毛等杂物，保证通风设施正常运转。

供温系统的检查也至关重要。育雏供温系统通常有电热供温设施、煤火炉、地热供温设施、暖气供温设施、暖风炉、火墙、火炕和火道等，无论采用哪种供温方式，都应提前2周调试温度。温度能上升至39℃，说明供温系统正常，否则应重新检查供温系统或者加设辅助供温设施，直至温度上升至所需温度为止。

4. 机器预热，准备饲料、药品和疫苗

在育雏前的2~3天，将育雏笼及育雏室温度升到标准要求。在1~2天内将育雏所需要的饲料、常用的药品和疫苗准备好。

5. 育雏时间的选择和计划的制订

育雏时间的选择既要有利于鹌鹑生长，又要使产蛋高峰出现在产品价格最高的季节，还需要考虑人力、物力和财力等因素。育雏计划应该根据房舍、设备条件、饲料来源、资金、饲养管理技术和市场需求的因素来制订。

三、掌握雏鹑饲养技术

对于雏鹑的饲养，需做好雏鹑的日常管理工作，在饮水和开食方面要按照规范要求，原则上先饮水后开食。

1. 饮水

及时饮水有助于雏鹑迅速恢复精力。若不能及时饮水，延迟一段时间后，一旦喂水，易出现争抢。因雏鹑体形小，羽毛被水淋湿后易失去平衡而摔倒，会出现踩死或者淹死等情况，造成不必要的死亡。雏鹑在进入育雏室后，需要休息2小时后再让其饮水。1~7日龄喂饮凉开水，100千克凉开水加50克多维、30克维生素C、10千克白糖或葡萄糖配制成的水溶液效果较佳。8~14日龄可降低糖的添加量，原则上是减少一半。在饮水中添加适宜比例的高锰酸钾，可以抑

制和杀灭雏鹑消化道的细菌，促进生长发育。

饮水时要保证50～100只雏鹑至少有1个饮水器。饲养管理员要在育雏笼旁进行观察，保证每只雏鹑都能喝到水，没有喝上水的雏鹑要进行人为的训练。训练方法是抓起雏鹑，将喙放到饮水器内蘸一下，让其学会饮水。对于部分没有饮水欲望的雏鹑，可使用滴管向其口中滴水。开始饮水后的前3天要加强饲养管理，保证饮水器中水不间断，雏鹑随时可以自由饮水。如果发现雏鹑出现抢水喝的情况，要及时将饮水器移走，待雏鹑安定后再放入饮水器。15日龄后可使用大的饮水器，让雏鹑自由饮水。30日龄后雏鹑可饮用自来水或深井水，饮水器具可换成水槽。目前，集约化的鹌鹑生产中大多采用乳头式自动饮水器。

2. 开食

雏鹑第一次张嘴吃料称为开食。雏鹑出壳后24～28小时、开始饮水后3～4小时，便可开食。开食要安排在白天进行。开始喂食时，因大部分雏鹑不会啄食，需耐心引导。开食料用全价配合饲料时，最好在饲料中添加部分药物等，可以防止鹌鹑白痢的发生。在饲料中添加药物时，应先称量好需要加药的饲料和药物，然后取称量好的饲料少许，加入药物充分拌匀，在已拌有药物的饲料中加入一部分未掺药物的饲料拌匀，最后拌入所有称量好的饲料，充分搅拌均匀。搅拌时可以用搅拌机。饲料中添加药物要搅拌均匀，药物使用剂量要充足，用药时间为5～7天，注意不要超量。开食时一般每天喂6～8次，也可采用自由采食。

四、掌握雏鹑管理技术

1. 雏鹑日常管理要求

每天早晚要观察雏鹑的动态，如精神状态是否良好、采食饮水是否正常，发现问题时要找出原因，并立即采取措施。育雏笼的承粪盘要保证每天清扫1～2次，饮水器每天清洗、消毒1～2次，饲喂湿料的料槽，在添加新料前，需先清除剩料，并冲洗干净。每天傍晚需开灯照明，22:00后关灯。经常检查育雏箱内温度、湿度、通风等情况。观察雏鹑粪便情况，正常粪便较干燥，呈小螺钉状。粪便颜色、

稀稠与饲料有关。喂鱼粉多的饲料粪便通常呈黄褐色，喂青饲料时，粪便呈褐绿色且较稀，这是正常现象。若发现粪便呈红色、白色，则应进行原因分析，并采取治疗措施。及时淘汰生长发育不良的弱雏，使全群生长发育整齐一致。发现病雏时应立即采取隔离措施，对于死雏，应及时剖检诊断原因。做好防鼠、防鸟、防蚊蝇等工作。雏鹑在1周龄和2周龄时，抽样称重，与标准体重对照，以便了解日粮营养水平及饲养管理上存在的问题。适时调整饲养密度，做好死淘雏鹑的处理工作。雏鹑有啄羽、食蛋、啄肛等恶癖，采食时有挑食和甩食等浪费饲料情况时，需要对雏鹑进行科学断喙。雏鹑在15~30日龄均可断喙。断喙的具体方法是食指第二关节轻托下喙，拇指轻压头顶部，用断喙器切去上喙1/2、下喙1/3，切面应平整，然后烙干伤口至不出血为止。断喙后1~2天料槽中不断料，防止伤口碰到槽底流血。如果发现有止血不完全的，应及时烙干。鹌鹑断喙时不要切掉太多，以免导致残雏；如果断喙太少，要进行补断。

【小经验】

在断喙前后3天，应在饲料中添加维生素K、维生素C、多种维生素添加剂等。

2. 保温工作

雏鹑由于体内卵黄没有完全吸收，羽毛稀薄，身体体温不高，御寒性能较差，神经及生理系统还不健全，肝、肾发育不成熟，几乎无调节体温的能力，因此，必须采取和加强保温措施。温度具体要求如下：1~6日龄，35~39℃；7~15日龄，33~35℃；15~20日龄，32~33℃；20日龄以后，每天降1℃，直至达到28~30℃。

3. 通风与湿度

通风的目的是排除育雏室内氨气、二氧化碳和一氧化碳等有害气体。通风换新鲜空气有利于雏鹑生长发育和提高免疫力，只要育雏室内温度能保证，空气越流通越好。相对湿度以人感觉不到湿度为宜，雏鹑2周龄后由于体温增加，呼吸量与排粪量相对增加，育雏室易潮湿，因而要及时清除粪便。

4. 调整饲养密度

雏鹑饲养密度因地域或季节不同而不同，也可根据大、小、强、弱进行分区单养。一般适宜密度为：1～7日龄，每平方米200只；10～15日龄，每平方米180只；15～25日龄，每平方米150只。

5. 光照条件

雏鹑在育雏阶段除接受自然光照外，还应补充人工光照，前1周内可24小时光照，舍内灯高2米，光照强度为3～4瓦/米^2，以普通白炽灯为好（白羽鹌鹑光照强度应适当高些），后期减到1～2瓦/米^{2}即可。不同波长、颜色的光对雌鹑的性成熟影响比较明显。

【小经验】

雏鹑在红光下饲养比在绿光或蓝光下早开产半个月，并且可以保持较高的产蛋率。

6. 分群工作

1日龄雏鹑应按强弱分群饲养。一般健雏体格健壮，羽毛蓬松有光泽，眼大有神，活泼好动，脐部愈合良好，腹部绒毛长而密，喙和爪粗壮无畸形并光泽发亮。

第四节　掌握育成鹑饲养管理技术

一、了解育成期的生理特点

育成期是指21日龄以后，这一时期的鹌鹑又称为青年鹌鹑。育成期鹌鹑仍生长迅速、发育旺盛，是从幼鹌鹑到产蛋鹌鹑的过渡期。这一阶段的特点是生长强度大，尤以骨骼、肌肉、消化系统与生殖系统生长较快，但体重增长速度随日龄增加而逐渐下降，生长速度没有雏鹑快，羽毛经过几次换羽后，最终长出成羽。随着日龄增加，鹌鹑脂肪沉着量增多，易引起过度肥胖，对其产蛋量和蛋壳质量有很大影响。因此，育成期鹌鹑饲养管理的主要任务是控制其标准体重和正常的性成熟期，同时要进行严格的选择及免疫工作。

二、掌握种用和蛋用育成鹑的饲养管理

1. 充分了解饲养管理要点

育成鹑的饲养方式可采用单层或多层笼养。

1）及时调整饲养密度。饲养密度较育雏期要适当降低，不宜过大，以大部分鹌鹑能同时采食为宜，以防发生啄肛、啄羽等恶习。气温低时密度大一些，反之则密度适当小一些，一般每平方米放养 80～100 只。雌雄育成鹑要及时分群，以便提高群体的均匀度，一般要求 3～4 周龄开始分群。商用蛋育成鹑越早分群越好。21 日龄转群时，根据外貌特征从公、母群体中选留种鹑单独饲养，不做种用的雌鹑作为产蛋鹑，多余的公鹑和发育差的雌鹑，转入肉用育肥群进行育肥。转群时应尽量避免育成鹑受惊，可在日粮中加入 0.2% 多种维生素。转群时，最好在晚间熄灯后进行，要保持安静的环境，消除各种噪声干扰。

2）及时调整温度，4 周龄后要逐步脱温。育成鹑要保持 10～12 小时光照，初期温度为 24～25℃，中后期保持在 18～20℃。保持空气清新，注意通风，适宜的相对湿度为 55%～60%。

3）蛋用和种用育成鹑采用专门的配合饲料饲喂，每天的饲喂次数和饲喂时间要相对固定，日喂 4 次，一般为 6:00、10:00、14:00 和 18:00。每半个月投喂 1 次直径 1 毫米的细沙粒。细沙粒的投喂量是日粮标准的 1%～2%。注意鹌鹑饮水不能中断，需要保证足够的饮水。

4）每天清扫承粪盘 1～2 次，清洗 1 次料槽、水槽和其他饲喂用具。

5）定期测定育成鹑各周龄体重，统计耗料，严格控制体重。保持室内外清洁卫生，定期用 3%～5% 来苏儿等溶液消毒。做好预防接种，及时对育成鹑进行淘汰。

6）做好育成率、死亡数、耗料量、免疫日期与种类、环境条件等各项记录。

2. 做好育成母鹑的限饲

限制饲养的目的是控制性成熟期，使鹌鹑可以在适当时候开产，

提高产蛋量，同时也可以节约饲料，降低成本。

（1）限制饲养的时间和方法 限制饲养一般从3周龄开始，根据体重及品种确定每天的喂料量。40日龄以后按照正常饲喂量饲喂。限制饲养有2种方法：一种是采用自由采食的方法，限制日粮中某些营养物质，饲喂量不限制；另一种是限制饲料的饲喂量，一般饲喂量为自由采食量的90%。

（2）限制饲养的注意事项 限制饲养也并不是一成不变的，要根据具体条件具体分析。当饲养条件差、育成鹑体重较标准体重低时，不能采用限制饲养的方式。限制饲养前需要将患有疾病的鹌鹑和弱鹑分出来。限制饲养期间要保证育成鹑有充足的食槽和水槽，如果发生应激反应强烈的现象，需要停止限饲。需要定时称重，并与标准体重对比，要保证日粮营养的平衡。

三、掌握肉用育成鹑的饲养管理

肉用育成鹑饲养管理的主要任务是获得良好的生长速度和胴体品质，所以饲养者要重视此阶段的饲养管理。

1. 及时更换饲料

及时将育雏料更换为育肥饲料，饲喂全价颗粒饲料。此时饲料中粗蛋白质含量可适当降低，代谢能适当增加，如玉米、小麦等用量可占日粮75%左右，并保证饲料中足够的钙和维生素D的含量。如果更换不及时，会增加饲料成本。

2. 掌握适宜的转群时机

肉用育成鹑饲养到25~35日龄时，要及时将雏鹑由育雏笼转入育成笼中。一般鹌鹑育成笼的高度要高于育雏笼。及时转群，可以促进育成鹑的快速生长。

3. 环境控制要求

肉用育成鹑由育雏期进入育成期时，20日龄前和蛋用育成鹑的饲养管理是相同的。20~25日龄时，温度要求为20~25℃，光照时间为10~12小时，也可采用连续光照3小时、停止1小时的方法，光照强度与20日龄时相同。鹌鹑舍要求安静，防止惊扰，适当增加通风量，让其自由采食和饮水。

4. 做好公、母鹑分群

肉用育成鹑饲养至25～30日龄时，公、母鹑要适时分群饲养，进入育肥阶段。分群饲养的目的是防止交配，保证仔母鹑的正常生长发育。在分群饲养时要及时淘汰和选择优良的公、母鹑个体作为种用。

第五章
做好鹌鹑的营养与饲料配合，向成本要效益

第一节　掌握鹌鹑营养物质的需要特点

鹌鹑体温高，呼吸和心跳均较快，代谢旺盛，生长迅速，性早熟，产蛋多，但由于其消化道短，消化能力较差，因此鹌鹑的营养需求较高。

一、能量需要

鹌鹑对能量的需求量较大，并受多种因素的影响而发生变化。如笼养条件下，鹌鹑活动范围小，能量需要少于散养。鹌鹑对能量的需要量随日龄增加而变化。气温对能量的需要量也有影响，低温比适宜气温时的能量需要量大。饲料中能量过低时，生长鹑发育受阻，体重减轻，抗病力减弱；而成年种鹑体重会下降，产蛋量减少。能量过高时，成年种鹑身体会过肥，脂肪蓄积于卵巢周围，繁殖力降低。

鹌鹑所需能量主要来源于含碳水化合物较多的能量饲料，如玉米、高粱、小麦、稻谷、燕麦等。据测定，雏鹑从出壳到 42 日龄，每天活动消耗能量约为 17.15 千焦，每增加 1 克体重，约需要消耗代谢能 8.4 千焦，每枚蛋约含能量 67 千焦。在满足鹌鹑能量需要的同时，还必须保持与其他营养物质的适当比例，特别是与蛋白质的比例。当饲料中能量水平发生变化时，粗蛋白质的水平若没有做相应调整，会造成蛋白质的浪费，并降低饲料转化率，或导致蛋白质不足和体内脂肪沉积过多。

【提示】

鹌鹑饲料在考虑适宜能量的同时，应使能量水平与其他营养物质之间保持适当比例，才有利于维持鹌鹑的正常生理活动和生产。

二、蛋白质需要

蛋白质是鹌鹑生长、繁殖和组织更新必不可少的物质。蛋白质由多种氨基酸构成，在生产实践中多以粗蛋白质表示其需要量。氨基酸分为必需氨基酸和非必需氨基酸，必需氨基酸不能在体内合成，必须由饲料供给。鹌鹑的必需氨基酸有13种，包括赖氨酸、蛋氨酸、色氨酸、苯丙氨酸、亮氨酸、异亮氨酸、缬氨酸、苏氨酸、组氨酸、精氨酸、甘氨酸、胱氨酸和酪氨酸。在配制鹌鹑饲料时必须充分考虑必需氨基酸的含量，以满足其生存、生长、生产和繁殖的需要。

饲料中蛋白质和氨基酸不足时，育成鹑性成熟滞后，种鹑产蛋量减少，蛋重减轻，受精率降低，死胚增加，孵出的雏鹑体质瘦弱，成活率低。日粮中蛋白质含量过高，会导致鹌鹑肝脏及肾脏负担过重，尿酸大量积聚，导致肝脏和肾脏等器官发生病变，甚至引起死亡。产蛋期鹌鹑每天需要蛋白质5克左右，饲料中蛋白质含量为24%左右，赖氨酸和蛋氨酸含量分别为1.1%和0.8%；生长鹌鹑日粮中蛋白质含量以20%~24%为宜；肉用仔鹑应该增加蛋白质含量，达到24%~29%，赖氨酸和蛋氨酸分别达到1.4%和0.75%。

三、矿物质需要

矿物质是鹌鹑生命活动中不可缺少的营养物质。现已知鹌鹑需要的矿物质元素有18种，常量元素有钙、磷、钾、钠、氯、硫和镁，微量元素有铁、铜、锰、锌、钴、硒、碘、氟、钼、铬和硅。这些矿物质元素在鹌鹑机体内主要起调节渗透压、维持酸碱平衡、激活酶系统等作用，也是构成骨骼、蛋及蛋壳、血液、体液、各种激素的成分。一般饲料中的钙、磷和钠都不能满足鹌鹑的需要，必须另外补充。在饲养过程中，如果能量、蛋白质、脂肪、碳水化合物、维生素等营养物质都能满足鹌鹑的生理需求，但鹌鹑仍出现精神萎靡不振、食欲减退、行动迟钝、脚软无力、生长迟缓、发育不良、繁殖力下降、贫血等症状，则应考虑矿物质供应是否充足。

1. 钙

钙元素是矿物质中需要量最多的一种。缺钙可使幼鹑患佝偻病，母鹑产软壳蛋且蛋壳变薄，产蛋率和孵化率下降。钙摄入量过多可影响幼鹑的生长发育，并阻碍锰、镁、锌的吸收，导致幼鹑食欲不振、采食量减少。钙在一般谷物中含量很少，必须在饲料中补充。

2. 磷

磷元素可以促进鹌鹑骨骼形成。缺磷可导致鹌鹑食欲减退、生长缓慢、啄羽、异食癖，严重时导致骨质疏松、关节硬化。应注意饲料中钙、磷的正常比例，钙磷比例失调，同样能引起钙磷代谢紊乱，健康受损。生长鹑的钙、磷适宜比例为（1～2）∶1，产蛋鹑的适宜比例为（3～3.5）∶1。

3. 钾

钾元素与肌肉活动和碳水化合物代谢有关，可以保证鹌鹑体内的正常渗透压和酸碱平衡。鹌鹑的饲料中通常不缺钾。如果缺钾会使鹌鹑生长停滞、消瘦。钾含量过多会干扰镁的吸收。

4. 钠和氯

钠和氯元素是鹌鹑体内水分代谢和机体组织更新必不可少的物质。钠和氯元素与肌肉收缩、胆汁形成有关，可以保证鹌鹑体内正常渗透压和酸碱平衡。食盐是氯和钠的主要来源。鹌鹑的食盐供给不足会出现消化不良、食欲不振、生长发育缓慢、产蛋量降低，并引发啄肛、啄羽、异食癖等症状。食盐过多会导致中毒，雏鹑生长受阻，青年鹑腹泻，严重者可引起死亡。

5. 锰

锰元素对鹌鹑的生长、繁殖和骨骼的生长发育十分重要。锰供应不足，可导致雏鹑骨骼发育不全、生长停滞，影响成年鹑产蛋率和孵化率。锰供应过量影响鹌鹑对磷、钙的利用，并出现贫血。

6. 锌

锌元素有利于骨骼和羽毛的生长，促进锰和铜的吸收。日粮中锌

不足可引起幼鹑食欲减退，生长发育受阻；母鹑产软壳蛋，孵化率下降，死胚增加。锌过量不利于鹌鹑对铁和铜的吸收，并阻碍幼鹑的生长发育。一般糠麸类饲料中锌含量较高。

7. 铁、铜和钴

铁、铜和钴元素与贫血有关，是鹌鹑生理活动中不可缺少的微量元素。缺铁可产生缺铁性贫血，羽毛色素形成不良。摄入过多的铁可导致食欲下降，体重减轻，磷的吸收受阻。幼鹑日粮中铜不足也会引发贫血，骨骼出现异常，生长受阻。摄入过量的铜也可阻碍幼鹑的生长发育，严重时引发溶血症。日粮中钴含量不足可使体内维生素 B_{12} 的合成受阻，生长迟缓，并发生恶性贫血和骨短粗症。铁在谷物、豆类中含量较高，但铜的含量不多，需另外补充。

8. 硒

日粮中硒缺乏可致幼鹑心包积液，皮下水肿，积聚血样液体，严重时可导致白肌病或脑软化症。日粮中硒含量若超过 5 毫克/千克，可引起中毒，孵化率下降，胚胎畸形，成年鹑性成熟延后等现象。

【注意】

硒元素有地区性缺乏现象，如果在缺硒地区购进饲料，需注意补充亚硒酸钠等硒盐。

四、维生素需要

维生素在鹌鹑机体中的含量甚微，但发挥的生理作用却十分重要。维生素根据其能溶解的溶剂可分为水溶性维生素和脂溶性维生素。水溶性维生素包括 B 族维生素和维生素 C；脂溶性维生素包括维生素 A、维生素 D、维生素 E 和维生素 K。

维生素的主要功能是参与控制和调节机体的新陈代谢。虽然鹌鹑对维生素的需要量很少，但缺少也会造成生长发育不良，生产性能下降，抗病力减弱，产生各种缺乏症，甚至死亡等现象。鹌鹑机体新陈代谢所必需的维生素有十几种，大多数维生素在鹌鹑体内不能合成，有的虽能合成但难以满足需要。

1. 维生素 A

维生素 A 与鹌鹑的生长和繁殖关系密切，对维持肉鹑的视力及黏膜的完整性有着重要的作用。维生素 A 可增强机体免疫力，提高幼鹑的生长速度。维生素 A 缺乏会造成幼鹑生长迟缓，发育不良，羽毛蓬乱，患干眼症，步态不稳，产蛋率和孵化率下降，严重时可导致死亡。维生素 A 主要来源于鱼肝油、植物叶子、果皮和草粉等。只有胡萝卜素在动物体内可转化为维生素 A。

2. 维生素 D

维生素 D 以维生素 D_3 的生理作用最为显著，对调节钙、磷平衡，促进钙、磷吸收，参与骨的生长至关重要。维生素 D 缺乏时，种鹑蛋品质下降，产蛋量减少，产小蛋或软壳蛋，蛋壳变薄，孵化率降低；幼鹑发育不良，羽毛松散，易患佝偻病，骨骼弯曲；成年鹑繁殖力下降，羽毛生长异常。维生素 D 主要来源于鱼肝油、干草粉和酵母粉。用紫外线照射鹌鹑身体也可以获得维生素 D。

3. 维生素 E

维生素 E 对种鹑的繁殖、肌肉的生长影响较大。缺乏维生素 E 时，鹌鹑出现生殖功能障碍，繁殖力下降，孵化率降低，幼鹑患脑软化症，脑功能障碍，步履蹒跚，运动失调。青饲料、谷物胚芽及蛋黄中维生素 E 含量较多。

4. 维生素 B_1（硫胺素）

维生素 B_1 主要参与能量代谢，与神经、肌肉和胃肠的活动有关。缺乏维生素 B_1 时，鹌鹑出现食欲不振，消化不良。维生素 B_1 严重缺乏时，可患多发性神经炎，腿、翅、颈痉挛，体况消瘦，头向后仰，并不停地向一侧旋转，严重者几周后死亡。维生素 B_1 供给不足，还可降低鹌鹑的抗病力。谷物胚芽、米糠、麦类、青饲料和青干草中维生素 B_1 含量较多。

5. 维生素 B_2（核黄素）

维生素 B_2 主要参与能量、蛋白质和脂肪的代谢过程。缺乏维生素 B_2，鹌鹑生长缓慢，足趾内弯和麻痹，母鹑产蛋量减少，种蛋孵化率降低，胚胎畸形或中途死亡。青饲料、酵母、青干草、麦芽、米糠、麦麸中维生素 B_2 含量较多。

6. 维生素 B_6

维生素 B_6 主要参与蛋白质、碳水化合物和脂肪的代谢。维生素 B_6 缺乏时，鹌鹑食欲下降，生长滞后，羽毛零乱，体质虚弱，产蛋鹑的体重、产蛋量和孵化率均下降，死胚增加。维生素 B_6 的需要量受多种因素的影响。当日粮中蛋白质过多或环境温度过高时，鹌鹑对维生素 B_6 的需要量也增多。维生素 B_6 广泛存在于动植物性饲料中，其中谷物、米糠、麦麸、酵母、动物性饲料中维生素 B_6 含量最多，一般不会发生缺乏症，但为了保证种鹑具有较高的生产性能，仍需要在日粮中添加维生素 B_6。

7. 维生素 B_3（泛酸）

维生素 B_3 与蛋白质、脂肪和碳水化合物的代谢有关，还与维生素 B_2 的利用有关。当维生素 B_3 缺乏时，维生素 B_2 的需要量增加。维生素 B_3 的化学性质不稳定，易氧化分解。维生素 B_3 供应不足可引发皮肤炎和眼炎，口角局限性痂块，羽毛粗乱，生长停滞，骨短粗，种蛋孵化率降低。酵母、小麦、米糠、麦麸中维生素 B_3 含量较多。

8. 生物素（维生素 H）

生物素以辅酶的形式参与蛋白质、碳水化合物和脂肪的代谢。当鹌鹑缺乏生物素时，易患滑腱症和胫骨短粗症，生长迟缓，羽毛蓬松，表皮出现裂纹、出血；眼睑发生皮炎，严重时上下眼睑粘连。种鹑缺乏生物素，孵化时胚胎会出现“鹦鹉嘴”，软骨营养障碍及骨的异常，特别容易发生腿部病变。

生物素的需要量受多种因素的影响，如饲料加工温度过高、饲料贮存时间太长、饲料中不饱和脂肪酸过多等都会增加生物素的需要量。生物素广泛存在于动植物性饲料中。但不同饲料生物素的利用率不尽相同，以玉米、豆粕、酵母、动物性饲料中的生物素利用率最高，其次是花生饼、菜籽饼，而小麦、高粱、麸皮中的生物素利用率较低。

9. 烟酸（尼克酸）

烟酸是一些酶的重要组成成分，与蛋白质、碳水化合物和脂肪的代谢有关。缺乏烟酸的鹌鹑食欲不振，生长发育受阻，羽毛生长不良，腿骨弯曲，种鹑孵化率降低，胚胎中途死亡。烟酸广泛存在于豆类、酵母、麸皮、米糠、青饲料和鱼粉中。

10. 叶酸

叶酸参与鹌鹑机体内嘌呤、嘧啶胆碱的合成和某些氨基酸的代谢，也参与合成蛋白质。叶酸可维持免疫系统的正常功能。叶酸能被酸、碱、氧化剂和还原剂破坏，遇热和光易分解。日粮中叶酸不足时，易使鹌鹑患巨红细胞贫血，影响其血液中白细胞的形成，导致血小板和白细胞减少；生长发育受阻，羽毛发育不良，骨骼变粗变短，产生滑腱症；饲料的利用率降低，产蛋率和孵化率下降，死胚增加。叶酸广泛分布于动植物性饲料中。青绿饲料、谷物饲料、饼粕饲料、动物性饲料中叶酸含量丰富。

11. 维生素 B_{12}（钴胺素）

维生素 B_{12}参与多种代谢活动，参与蛋白质、核酸的生物合成，还能促进红细胞的发育和成熟。缺乏维生素 B_{12}能引发鹌鹑贫血，生长发育迟缓，步态不协调和不稳定，死亡率高，饲料利用率低，种蛋孵化率低，胚胎畸形，死胚增多。在常用饲料中，只有动物性饲料含有维生素 B_{12}，其中鱼粉中含量最丰富，肉骨粉、血粉和羽毛粉次之。在实际生产中还会应用维生素 B_{12}添加剂。

12. 胆碱

胆碱是鹌鹑体组织的构成成分，参与卵磷脂和神经磷脂的形成，还以乙酰胆碱的形式参与体内神经活动。胆碱参与肝脏的脂肪代谢，能防止发生脂肪肝，还可以代替部分蛋氨酸。缺乏胆碱时，鹌鹑易发生肌肉收缩障碍，消化功能下降，饲料利用率低；导致肝脏中脂肪大量积聚，产生脂肪肝，肝脏变脆，易破裂出血，引起突然死亡，也可引发滑腱症。饲料中的胆碱主要以卵磷脂的形式存在，胆碱的需要量与生长期和体内合成量有关。体内合成胆碱的数量和速度与饲料中含硫氨基酸、甜菜碱、叶酸、维生素 B_{12}及脂肪的水平有关。常用饲料原料中，蛋白质饲料、青绿饲料都富含胆碱，在生产中可用氯化胆碱补充。

13. 维生素 C

维生素 C 参与胶原蛋白质的合成，在生物氧化过程中起传递氢和电子的作用，促使机体内的三价铁还原为二价铁，促进铁离子的吸收和输送。维生素 C 具有解毒功能，在肝脏中可以缓解铅、砷、苯等重金属和有机化合物及一些细菌所产毒素的毒性，阻止致癌物质亚硝基胺在机体内形成；还可保护细胞膜和其他易氧化物质不被氧化，促进叶酸变为具有活性的四氢叶酸，并刺激肾上腺皮质类固醇的合成，促使抗体形成；增强白细胞的噬菌能力，提高机体的免疫能力和抗应激功能。当缺乏维生素 C 时，可引起皮下、肌肉、肠道黏膜出血，发生坏血症和贫血，还可导致食欲不振，生长受阻，体重下降，羽毛无光，抵抗力下降，行动迟缓，抗应激能力下降，种鹑产蛋量减少，蛋壳变薄等症状。鹌鹑在肝脏、肾脏、肾上腺和肠中可合成维生素 C，合成的数量和速度基本上能满足需要。因此，在生产中一般不需要补充。

五、水的需要

水是鹌鹑机体不可缺少的组成部分，是构成躯体内各种组织、细胞和体液的主要成分。鹌鹑体内营养物质的分解、运送、消化、吸收、废物排出都离不开水。机体新陈代谢，维持正常的酸碱平衡、渗透压、体温调节、呼吸，保持细胞的正常形态及血液循环，润滑机体关节等也离不开水。缺水时鹌鹑不能正常进行机体活动，体内缺水 10% 就会造成代谢紊乱，减少 20% 就会造成死亡。

六、其他需要

1. 碳水化合物

碳水化合物是鹌鹑机体所需热能的主要来源，鹌鹑体内碳水化合物的含量虽少，但对其生命活动却十分重要。碳水化合物供应不足，不利于鹌鹑生长、生产和繁殖；供给过多，也不利于鹌鹑的生长发育和繁殖，易使体内大量沉积脂肪，导致机体过肥。日粮中碳水化合物的供应量要根据季节变化和生长阶段进行调整。一般夏季和生长鹑供应量宜低，寒冷季节和育肥鹑应适当增加。碳水化合物的来源很广，主要来自植物性的能量饲料，如玉米、小麦、高粱等。

2. 脂肪

脂肪是所有营养物质中含能量最高的一种物质。对鹌鹑而言，脂肪的需要量较少，但对鹌鹑的生存却是必需的。脂肪供应不足可导致一些必需脂肪酸的缺乏，阻碍生长发育，甚至造成死亡。脂肪供应量过多，也会导致食欲下降，消化不良，甚至腹泻。

第二节　鹌鹑的常用饲料

一、能量饲料

能量饲料是以提供能量为主的饲料，在日粮中可以补偿蛋白质饲料能量低的缺点，这对于高蛋白含量的蛋鹑料、肉鹑料更为重要。一般把代谢能高于10.46兆焦/千克，粗蛋白质含量低于20%，粗纤维低于18%的饲料称为能量饲料。常用的能量饲料有玉米、小麦、高粱、碎米、稻谷、小米、大麦、燕麦、植物油及动物油等。

1. 玉米

玉米是最主要的能量饲料。玉米代谢能含量为14.06兆焦/千克，粗纤维含量为2%，具有适口性好和消化利用率高等特点。玉米分为白玉米、黄玉米和红玉米，黄玉米和红玉米品质最佳。鹌鹑喜食黄玉米，因其富含类胡萝卜素。提高饲料中黄玉米的含量，可使鹌鹑所产蛋的蛋黄颜色变深。但玉米中粗蛋白质含量低，赖氨酸、蛋氨酸和烟酸含量少。粉碎后的玉米养分易于损失，且易发霉变质。因此，饲料加工过程中如不严格把关，可能会引发鹑群发生曲霉菌病。

2. 小麦

小麦的能量含量低于玉米，蛋白质含量高于玉米。小麦遇水有黏性，适口性差，鹌鹑食用后蛋黄颜色变浅。小麦氨基酸含量比其他谷物类完善。注意使用小麦时，易造成缺钙，需要补充钙元素。饲料中小麦添加量一般为10%~30%。

3. 大米

大米的能量含量和蛋白质含量与玉米相似，脂肪和粗纤维含量低，易于消化吸收，但大米价格较高。蛋鹑食用后蛋黄颜色变浅，品

味下降。饲料中大米添加量一般为10%~20%。

4. 植物油和动物油油脂

植物油和动物油油脂在现代鹌鹑生产中也得到了普遍应用。高产蛋鹑料、肉鹑料和夏季抗高温料中均可添加1%~3%的油脂。常用的植物油有玉米油、豆油，动物油有牛油、羊油、猪油和鱼油。鱼油在饲料加工业中应用最广泛，通常占全价料的1%~3%。

5. 块根类和瓜类

块根类和瓜类主要包括马铃薯、甘薯、芋头、甜菜、胡萝卜和南瓜等。块根类和瓜类的碳水化合物含量丰富，适口性好，容易消化，但其蛋白质和钙元素含量较低，可以根据条件适当添加。

6. 糠麸类

糠麸类主要包括麸皮和米糠等。糠麸类饲料价格低廉，由于粗纤维含量较高，饲喂鹌鹑时，用量不宜过多。雏鹑和成年鹑饲喂量占日粮的5%~15%，育成鹑占20%~30%。

7. 糟渣类

糟渣类主要包括豆渣和各种粉渣等。这类饲料水分含量较多，容易发生酸败变质，应该现做现喂，不要饲喂太多。

二、蛋白质饲料

蛋白质饲料是以提供蛋白质为主的饲料。一般将蛋白质含量超过20%、粗纤维含量低于18%的饲料称为蛋白质饲料。蛋白质饲料在配合饲料中可弥补其他饲料的蛋白质含量不足，使日粮蛋白质水平达到要求。蛋白质饲料主要有植物性蛋白质饲料和动物性蛋白质饲料。

1. 植物性蛋白质饲料

植物性蛋白质饲料主要包括豆类和饼粕类，如大豆粕、菜籽粕、棉籽饼、棉仁饼、花生粕、芝麻粕、玉米蛋白粉、大豆、蚕豆、豇豆、绿豆、黑豆、红豆和花生等。豆粕代谢能含量在10.29~11.05兆焦/千克，蛋白质含量在43%~47.2%。豆粕富含赖氨酸、钙、磷和B族维生素，是品质最佳的植物蛋白质饲料，在饲料中的添加量为15%~25%。棉籽饼氨基酸含量低，配料时应当调整蛋氨酸含量。花生粕蛋白质含量高，适口性好，但易发霉，故饲料配合时应注意添加量。菜籽粕的蛋白质含量和能量含量比豆粕低，粗纤维含量高，钙、磷和蛋氨酸含量高，日粮中的添加比例应控制在5%以内。棉仁饼蛋白质含量接近于豆粕，一般蛋白质含量为25%～41.4%，不稳定。棉仁饼最大的不足是含有棉酚等有毒物质，甚至会引起鹌鹑中毒。棉仁饼中棉绒含量高，会使蛋鹑产蛋率下降。因此，应严格控制棉仁饼用量，一般不超过5%。

2. 动物性蛋白质饲料

动物性蛋白质饲料主要有鱼粉、肉粉、血粉、蚕蛹粉、鱼干等。动物性蛋白质饲料是最佳的蛋白质饲料，粗蛋白质含量高，氨基酸平衡，饲料利用率高。但因其价格高，掺假现象严重。

鱼粉是目前质量最佳的动物性蛋白质饲料，蛋白质含量为40%～65%，赖氨酸和蛋氨酸丰富，一般饲料中的添加量为5%～15%。因其质量好，价格高，市售鱼粉中部分掺有尿素、棉饼、菜籽粕、羽毛粉、血粉和皮革粉等，鹌鹑食用掺假鱼粉后易发生拉稀死亡。

肉粉是肉品加工厂下脚料和不能食用的屠体部分经高温高压灭菌、粉碎和烘干后生产的产品。肉粉的蛋白质含量在55%左右，磷、赖氨酸含量高，蛋氨酸含量低。蛋白质含量过高的为劣质肉粉。肉粉在鹌鹑日粮中的添加量以2%～5%为宜。优质肉粉颜色为黄褐色，质地均匀如肉松，无异味。肉粉在加工工艺直接影响肉粉质量。肉粉在加工过程中如果不是烘干，而是在室外晾晒风干，易被苍蝇和灰尘污染。使用腐败变质的肉及下脚料加工的肉粉不宜饲喂鹌鹑。劣质肉粉有异味，颜色为黑、蓝、黑褐色、黄色，内有毛纤维、皮革块和羽毛等，不宜在饲料中添加。饲料中误用劣质肉粉后易诱发软嗉病、大肠杆菌病、真菌病、溃疡性肠炎、拉稀和眼病等疾病，引起蛋鹑产蛋率下降和雏鹑生长迟缓。

血粉是肉品加工厂利用动物鲜血烘干加工而成的。血粉的蛋白质含量在84.7%左右，但氨基酸含量不平衡，蛋白质消化利用率低，有黏性，适口性差。因此，鹌鹑饲料中血粉的用量在3%以下。经水解后的血粉中蛋白质消化利用率提高，可在饲料中适量添加。

蚕蛹粉是蚕桑养殖基地缫丝厂的一种副产品，是抽丝后剩余的蚕蛹经高温烘干粉碎后加工而成的，蛋白质含量在60%左右，脂肪含量高达20%。它是优质的动物性蛋白质饲料，氨基酸含量高，组成较平衡。但蚕蛹盛产于夏季，脂肪含量高，易于腐败变质，使用时应严把质量关。在肉鹑饲料中长期使用蚕蛹粉，会引起肉质有异味，上市前的肉仔鹑或淘汰的鹌鹑应禁止使用。

三、矿物质饲料

一般常用饲料中，往往缺乏鹌鹑生长、生产和繁殖所需的钙、磷和钠等矿物质元素，因此需要用单纯的矿物质饲料补充。通常使用的矿物质饲料不含能量和蛋白质，或含量甚少。常用的矿物质饲料有贝壳粉、石粉、蛋壳粉、石膏、骨、磷酸钙、磷酸氢钙、过磷酸钙、食盐和沙砾等。

贝壳粉是最佳的钙源饲料，利用率高，但是价格较高。蛋壳粉也是很好的钙源饲料，其中含有的钙利用率高，但加工过程需要高压灭菌，因此价格较高。石粉是应用最广泛的钙源饲料，价格最低，但利用率也低，应和其他钙源饲料配合使用。这些饲料的含钙量为22%~37%，在全价配合饲料中的添加量一般为1%~8%。

骨粉是动物骨骼经脱脂、脱胶、高压蒸制后粉碎加工而成的，市场上与其相关的商品有骨块、骨粒和蒸制骨粉等。优质骨产品呈白色或灰白色，有骨粉的特殊味道；劣质骨产品中混有石粉和腐败后的骨质，味臭色黑，不宜饲用。磷酸钙、磷酸氢钙和过磷酸钙价格便宜，但应进行脱氟处理后使用。这些饲料中一般含钙31%~32%、磷12.8%~15%，在全价料中的添加量一般为1%~2.5%。

食盐是补充钠和氯两种元素的最佳饲料，有时也用碳酸氢钠补充钠。饲料生产中不宜使用工业用盐和劣质盐，应使用食用盐。食盐在全价饲料中的添加量一般为0.2%~0.35%。

四、维生素饲料

维生素饲料在鹑料中占有非常重要的地位，主要是用来供给鹌鹑生长、繁殖和产蛋需要的维生素。维生素饲料中富含维生素A、维生素D、维生素E、维生素K、维生素C和B族维生素。现代化养鹑生产中所需的维生素主要依靠维生素制剂供给，只有在生产优质鹑产品时才使用维生素饲料。鹌鹑的维生素饲料包括苜蓿粉、松针粉、槐叶粉、红豆草粉、三叶草粉和野菊花粉等。这些饲料中含有丰富的类胡萝卜素、色素和其他维生素。在饲料中添加1%~5%维生素类饲料，可显著地改善鹌鹑蛋和肉的质量，提高种蛋的孵化率和受精率。

五、饲料添加剂

饲料添加剂是指饲料中添加量很少的一类饲料，对鹌鹑的生长、生产和繁殖有重要作用。饲料添加剂包括营养性饲料添加剂和非营养性饲料添加剂。

1. 营养性饲料添加剂

营养性饲料添加剂主要包括氨基酸添加剂、维生素添加剂和微量元素添加剂等。

（1）氨基酸添加剂 氨基酸添加剂是补充饲料中必需氨基酸的添加剂。目前，市场上销售的氨基酸添加剂包括蛋氨酸、赖氨酸和谷氨酸等添加剂。饲料中添加适量的氨基酸可以提高产蛋量、生长速度和孵化率，节约蛋白质饲料。氨基酸在全价饲料中的添加量一般为0.1%~0.2%。

（2）维生素添加剂 维生素添加剂在鹌鹑体内的需要量很少，但作用较大。维生素很容易损失，如果在运输、包装和保存不当的情况下，效价会很快下降，因此购买时要认准生产日期。为了保证维生素的有效供给，饲料中的添加量要相当于正常添加量的2倍以上。市场上出售的维生素添加剂包括维他类和复合多种维生素两种，维他类价格低，复合多种维生素价格高。目前鹌鹑养殖中多使用水溶性多种维生素制品。各种青绿饲料和干草粉中含有丰盛的维生素，是很好的维生素饲料。因此在不使用维生素添加剂时，可饲喂青绿饲料。青绿饲料的用量为精料量的20%~30%。使用青绿饲料时要留意避免农药中毒。

（3）微量元素添加剂 微量元素添加剂常用的有硫酸铜、硫酸钴、硫酸锰、硫酸锌、硫酸亚铁、碳酸铜、碳酸钴、碳酸锰、碳酸锌、氧化钴、氧化亚铁、碘化钾和碘酸钙等。微量元素添加剂在日粮中添加量很少，每吨饲料中添加 1 ~9 克。微量元素添加剂均以盐的形式添加到配合饲料中。

2. 非营养性饲料添加剂

非营养性饲料添加剂是指一些不以提供基本营养物质为目的，仅为改善饲料品质、提高饲料利用率、促进生长、驱虫保健而掺入饲料中的微量化合物或药物，主要有抗球虫剂、抗氧化剂、防霉剂、着色剂、黏结剂、酶制剂和活菌制剂等。

酶制剂是活细胞所产生的具有特殊催化活性的一类蛋白质。将动物、植物和微生物体内产生的各种酶提取出来，制成的产品就是酶制剂。目前，应用较多的酶制剂有蛋白酶、植酸酶、葡聚糖酶、α-淀粉酶、纤维素酶、果胶酶、脂肪酶等。在配合饲料中多添加以淀粉酶、蛋白酶为主的复合酶，可促进营养物质的消化和吸收，避免营养不良，减少腹泻的发生。

活菌制剂包括微生态制剂、促生素、益生素、生菌剂、微生物制剂等。微生态制剂是一类可改善动物消化系统微生态环境，有利于动物对饲料营养物质的消化吸收，抑制动物肠道有害微生物活动与繁殖，具有活性的有益微生物群落，可以饲料添加剂的形式混入日粮中饲喂鹌鹑。我国目前常用的有益活菌制剂有乳酸杆菌制剂、双歧杆菌制剂、枯草杆菌制剂、地衣杆菌制剂、粪链球菌、米曲霉和酵母菌等。活菌制剂对消化系统不健全的动物效果更明显，应尽早使用。使用活菌制剂要根据鹌鹑的种类、特点和要达到的目的，有针对性地选择适用的微生物种类。活菌制剂不能与抗生素、杀菌药、消毒药和具有抗菌作用的中草药同时使用。使用活菌制剂前应检查制剂中活菌的活力和数量及保存期，保存的温度过高或生产颗粒配合饲料时的温度较高，都会导致活菌失活。患病的鹌鹑一般不使用活菌制剂，在鹌鹑发生应激之前及之后的 2 ~3 天使用效果较好，如运输、搬迁、更换饲料等。抑菌促生长剂包括抑菌药物、砷制剂和铜制剂等，主要作用在于抑制鹌鹑机体内有害微生物的繁殖与活动，增强消化道吸收功能，提高鹌鹑对饲料营养物质的利用效率，促进动物生长。驱虫保健剂、饲料保存剂和防霉制剂，目前使用也比较广泛。

第三节　做好鹌鹑的饲料配制

一、合理选择鹌鹑的饲养标准

鹌鹑的饲养标准是根据鹌鹑的消化、代谢、饲养和试验，测定出每只鹌鹑在不同体重、不同生理状态及不同生产水平下，每天需要的能量及其他各种营养物质的参数，再依据鹌鹑营养需要量参数和不同营养物质间的比例，结合生产实践中积累的经验制定出来的，不同品种鹌鹑、不同生长阶段的饲养标准有差别。饲养标准是科学配制鹌鹑日粮和对不同用途、不同生理阶段鹌鹑进行科学饲养的依据。选择饲养标准时应注意以下问题。

1. 鹌鹑的饲养标准不是一成不变的

饲养标准是通过一系列试验，总结生产实践中的经验形成的。但任何试验和经验都会受饲养环境及品种变化的影响，都有其局限性。饲养标准可以认定为是一个相对的标准，随着鹌鹑生产性能的提高，品种品质的改良和营养科学的进步，饲养标准将会不断进行修订完善。如现在经常使用的美国 NRC 饲养标准，就会定期进行一次修改。在生产实践中，应该尽可能地采用最新版本的饲养标准。

2. 饲养标准通常不止一个

在不同国家，或者同一个国家不同养殖单位，鹌鹑的饲养标准也不尽相同。不同地方在制定饲养标准时的受试材料、环境条件及试验条件均不相同，所以，任何一个饲养标准都有一定的针对性和局限性，在其适用范围内都是合理的。而对于其他种类及其他饲养条件下的鹌鹑仅供参考，在使用时应注意选择适用的饲养标准。

3. 正确对待饲养标准中的参数

饲养标准中列举的各种营养物质供给量，仅是一个概括的平均值。实际应用中，由于饲养环境、健康状况和饲养管理水平的差异，实际的营养需要量与标准中确定的供给量之间会存在差异，因而使用饲养标准时应充分考虑这些因素，在实际饲养中应密切观察鹌鹑的状况，适时进行适当调整。

国内目前采用的饲养标准包括蛋鹑和肉鹑的饲养标准。肉鹑生长快，营养需要多，为了获得最快的生长速度，应注意蛋白质的质量和供给充足的必需氨基酸，尤其是必需氨基酸中的蛋氨酸与赖氨酸，同时也应该提供足够的矿物质和维生素。肉鹑饲养标准根据其生长发育特点分为前期（0~4 周龄）和后期（5 周龄以上）。前期要求高能量和高蛋白质饲料，后期可适当降低蛋白质含量。蛋鹑的能量和蛋白质都很重要，但其需要量比肉鹑低一些，且对蛋白质的质量要求与肉鹑稍有不同。蛋鹑饲料标准分为育雏期、育成期和产蛋期，其中产蛋期又根据生产水平不同分为不同标准。一般来说，蛋鹑的饲料比肉鹑的饲料中蛋白质含量高5%~6%，如果蛋白质含量达不到要求，则会严重影响鹌鹑的产蛋率。推荐性鹌鹑的营养需要见表 5-1；中国白羽鹌鹑营养需要见表 5-2。

表 5-1　推荐性鹌鹑的营养需要

项　目	0~3 周	4~5 周	种　鹑
代谢能/(兆焦/千克)	11.92	11.72	11.72
粗蛋白质（%）	24	19	20
蛋氨酸（%）	0.55	0.45	0.50
蛋氨酸+胱氨酸（%）	0.85	0.70	0.90
赖氨酸（%）	1.30	0.95	1.20
精氨酸（%）	1.25	1.00	1.25
甘氨酸+丝氨酸（%）	1.20	1.00	1.17
组氨酸（%）	1.36	0.30	0.42
亮氨酸（%）	1.69	1.40	1.42
异亮氨酸（%）	0.98	0.81	0.90
络氨酸+苯丙氨酸（%）	1.80	1.50	1.40
苯丙氨酸（%）	0.96	0.80	0.78
苏氨酸（%）	1.02	0.85	0.74
色氨酸（%）	0.22	0.18	0.19
缬氨酸（%）	0.95	0.79	0.92
钙（%）	0.90	0.70	3.00

（续）

项　　目	0~3周	4~5周	种　　鹑
有效磷（%）	0.50	0.45	0.55
钾（%）	0.40	0.40	0.40
钠（%）	0.15	0.15	0.15
氯（%）	0.20	0.15	0.15
镁/(毫克/千克)	300	300	500
锰/(毫克/千克)	90	80	70
锌/(毫克/千克)	100	90	60
铜/(毫克/千克)	7	7	7
碘/(毫克/千克)	0.30	0.03	0.30
硒/(毫克/千克)	0.20	0.20	0.20
维生素 A/国际单位	5000	5000	5000
维生素 D/国际单位	1200	1200	2400
维生素 E/国际单位	12	12	15
维生素 K/国际单位	1	1	1
核黄素/(毫克/千克)	4	4	4
烟酸/(毫克/千克)	40	30	20
维生素 B_{12}/(毫克/千克)	3	3	3
胆碱/(毫克/千克)	2000	1800	1500
生物素/(毫克/千克)	0.30	0.30	0.30
叶酸/(毫克/千克)	1	1	1
硫胺素/(毫克/千克)	2	2	2
吡哆醇/(毫克/千克)	3	3	3
泛酸/(毫克/千克)	10	12	15

表 5-2　中国白羽鹌鹑的营养需要

营养成分	育雏期（0~20 日龄）	育成期（21~40 日龄）	产蛋期，产蛋率 80%以上（41~400 日龄）
代谢能/(兆焦/千克)	12.55	11.72	12.34
粗蛋白质（%）	24	22	24

（续）

营养成分	育雏期（0～20日龄）	育成期（21～40日龄）	产蛋期，产蛋率80%以上（41～400日龄）
钙（%）	1.0	1.3	3.0
磷（%）	0.8	0.8	1.0
食盐（%）	0.3	0.3	0.3
碘/（毫克/千克）	0.3	0.3	0.3
锰/（毫克/千克）	90	90	80
锌/（毫克/千克）	25	25	60
维生素A/国际单位	5000	5000	5000
维生素D/国际单位	480	480	1200
核黄素/（毫克/千克）	4	4	2
泛酸/（毫克/千克）	10	10	20
尼克酸/（毫克/千克）	40	40	20
胆碱/（毫克/千克）	2000	2000	1500
蛋氨酸+胱氨酸（%）	0.75	0.70	0.75
赖氨酸（%）	1.4	0.9	1.4
色氨酸（%）	0.33	0.28	0.30
精氨酸（%）	0.93	0.82	0.85
亮氨酸（%）	1.0	0.80	0.90
异亮氨酸（%）	0.6	0.6	0.55
苯丙氨酸（%）	0.93	0.85	0.87
苏氨酸（%）	0.70	0.60	0.63
缬氨酸（%）	0.30	0.25	0.28
甘氨酸+丝氨酸（%）	1.7	1.4	1.4
蛋氨酸（%）	0.5	0.4	0.5

二、正确配制鹌鹑饲料

鹌鹑饲料配制必须以饲养标准为依据，配制时要根据鹌鹑的品种、生长阶段、生产性能，找到饲养标准中规定的量，同时要考虑环境温度、饲养方式、鹑群的健康状况等饲养的实际因素。鹌鹑配合饲

料的原料种类要尽量多，能量和蛋白质饲料最好在3种以上，各原料在营养上可以取长补短，发挥营养物质之间的互补作用。各类饲料用量比例要恰当，大致为谷物类饲料50%~70%、糠麸类饲料5%~8%、饼粕类饲料15%~30%、动物性饲料5%~15%、无机盐饲料1%~2%（生长期）或4%~6%（产蛋期）、草粉类饲料1%~4%、食盐0.3%。各类饲料的品质要优良，适口性要好。适口性差或者味道不好的饲料，可使用调味剂来调整其适口性。饲料来源稳定，尽量采用当地饲料，减少运输，降低饲料成本。选择价格便宜和来源丰富的饲料原料，充分利用当地的农副产品。有条件的养殖场要分析饲料原料成分。所配制饲料体积的大小必须与鹌鹑消化道容积相适应，防止粗纤维或水分多而使饲料体积过大，鹌鹑无法食入足够的养分。粗纤维最大量不要超过5%。粗脂肪饲料原料也不宜太多。配合饲料量因存放时间长而容易变质，所以一般一次配制15~20天的量比较合适。配制饲料时，一定要充分地搅拌均匀，尤其是微量元素添加剂。配合饲料要有相对的稳定性，需要更换饲料时，应过渡1周后再全部更换。

【注意】

配制饲料时，应该注意氨基酸的关系和利用率。

三、做好配合饲料加工

鹌鹑配合饲料可根据营养成分、用途、饲料形态或饲喂对象等进行分类。按照饲喂对象分为种鹑配合饲料、生长鹑配合饲料和幼鹑配合饲料；按营养成分和用途分为配合饲料、浓缩饲料和添加剂预混料。

1. 配合饲料

配合饲料又称全饲粮配合饲料，其营养全面，不需再额外添加任何营养物质，就能满足鹌鹑生长、繁殖及生产，可直接用于饲喂鹌鹑。目前，国内配合饲料有初级配合饲料和全价配合饲料两种。初级配合饲料仅考虑了能量、蛋白质、钙、磷、食盐等主要营养物质，全价配合饲料则还包括维生素、氨基酸、微量元素等营养物质，营养全面，能完全满足鹌鹑的营养需要，饲养效果显著。

2. 浓缩饲料

浓缩饲料又称蛋白质补充料，是指全价饲料中除能量饲料外的其余部分，主要由蛋白质饲料、常量元素饲料（钙、磷、食盐）和添加剂预混料3部分构成。浓缩饲料中的蛋白质、氨基酸、常量元素、微量元素、维生素等营养物质的浓度很高，一般为全价配合饲料的3~4倍。浓缩饲料使用时必须按一定比例与能量饲料混合成全价饲料，再用于饲喂鹌鹑。由于浓缩饲料的需要量只是配合饲料的1/3或1/4，购买携带方便，是目前养殖场经常使用的产品。

3. 添加剂预混料

添加剂预混料是由一种或多种具有生物活性的营养性微量组分（如各种维生素、微量元素、氨基酸）和非营养性添加剂为主要成分，再按一定比例与载体和稀释剂充分混合制成的。添加剂预混料不能直接饲喂鹌鹑，必须添加到配合饲料或浓缩饲料中使用，且需经几次预混合稀释后再与其他饲料充分混合，形成全价配合饲料或浓缩饲料。一般添加剂预混料在配合饲料中的比例为1%或更高。若添加比例小于1%，则应在生产配合饲料之前，用稀释剂增加预混次数，扩大容积，以保证微量组分在全价配合饲料中均匀分布。

1）根据预混料中组成物质的种类和浓度，添加剂预混料又可分为高浓度单项预混料、微量元素预混料、维生素预混料和复合预混料。

① 高浓度单项预混料。高浓度单项预混料是只含有单一添加剂的高浓度预混料，多由原料生产厂家直接生产，通常称为预混剂。

② 微量元素预混料。微量元素预混料是根据鹌鹑对各种微量元素的需要量，按一定的比例配合，并加入一定量的载体或稀释剂混合而成的预混料。这类预混料中各种微量元素的含量占50%以上，载体或稀释剂及少量的稳定剂、防霉剂、抗结块剂等占50%以下。目前，国内生产的微量元素预混料浓度较低，并常含有常量元素，在配合饲料中的添加量一般为0.5%~2%。

③ 维生素预混料。维生素预混料除高浓度单项维生素制剂外，

还可根据鹌鹑的需要，按一定比例将多种维生素配制成不同浓度规格的维生素预混料。配制时也要加入一定量的载体或稀释剂及抗氧化剂等。目前，我国市场上尚没有鹌鹑专用维生素预混料，但可选用禽用维生素预混料，在日粮中的添加量为0.01%~0.5%。由于氯化胆碱对一些维生素有破坏作用，一般维生素预混料中不含氯化胆碱。

④ 复合预混料。复合预混料包含所有需要添加的饲料添加剂，如维生素、微量元素和非营养性添加剂。由于各种添加剂之间的相互影响，通常需添加部分载体和稀释剂，配制成浓度较低的预混料，以减少各种活性物质相互间的接触机会，降低贮存期内活性物质的损失。一般在日粮中的添加量为1%~5%。由于维生素易遭破坏，在生产复合预混料时，应超量添加一些易遭破坏的维生素。

2）按饲料形态分粉状饲料、颗粒饲料和破碎饲料。

① 粉状饲料。粉状饲料是指各种饲料原料经粉碎后，按饲料配方确定的比例进行充分混合，或主要饲料原料按饲料配方确定的比例进行混合后，再进行粉碎并加入添加剂预混料，经充分混匀后的配合饲料。粉状饲料的粒度直径在2.5毫米以上。这种饲料的生产设备和工艺流程较简单，耗电少，加工成本低，但用于饲喂时鹌鹑易挑食而造成浪费。另外在运输过程中容易产生二次分离现象，造成配合饲料新的不均匀，进而影响配合饲料质量。

② 颗粒饲料。颗粒饲料是将粉状饲料加水，通过蒸汽或加入黏结剂，在颗粒机中压制成的颗粒状饲料。颗粒饲料一般为小圆柱形，很适合饲喂鹌鹑。颗粒饲料密度大，体积小，饲喂方便，可防止鹌鹑挑食，确保采食的全价性，并减少饲料浪费，运输过程中不会产生二次分离，可保证饲料的均匀性和通透性。在制粒过程中物料经加热、加压和干燥等工序处理后，有利于鹌鹑的消化吸收，且有一定的杀菌作用，可减少饲料霉变，利于贮藏运输，但制作成本较高，且在加热加压时可破坏一部分维生素和活性酶。鹌鹑颗粒饲料的颗粒直径一般为1~1.5毫米。

③ 破碎饲料。破碎饲料是用机械方法将颗粒饲料再次破碎而成，粒度一般为2~4毫米。其特点与颗粒饲料相同，但这种饲料可减缓

鹌鹑的采食速度，避免鹌鹑因采食过多而过肥，特别适合幼鹑采食。

第四节　鹌鹑饲料加工和利用的误区

一、饲料加工误区

1. 忽视饲养标准和随意添加添加剂

部分鹌鹑养殖场自己配制饲料，不按照鹌鹑生长时期的饲养标准，不重视蛋白能量比，随意性强，致使鹌鹑的生产性能不能得到良好发挥。有些养殖场还随意添加国家明文禁止的抗生素和激素等添加剂，同时使用量也不规范，不仅危害鹌鹑健康，也危害人类健康。

2. 饲料加工处理不精细

一些鹌鹑养殖场在饲料加工和调制过程中不精细，致使饲料质量差，鹌鹑采食量低，降低了饲料的利用率和消化率。籽实类饲料和粮油加工副产品等要做到完全粉碎，以便于鹌鹑咀嚼，增加消化液和饲料的接触面，从而提高饲料的消化率。

如果养殖场有条件，籽实类饲料可经过 130 ~ 150℃ 短时间的高温焙炒，使一部分淀粉转化为糊精，同时消除一部分有害杂菌和虫卵。如棉籽饼和菜籽饼经焙炒可以破坏部分毒素，大豆经焙炒可以破坏抗胰蛋白酶，从而提高饲料的利用率和营养价值。也可对籽实类饲料进行蒸煮、糖化和发芽处理。豆类籽实饲料易采用蒸煮方法，可增加豆类蛋白质中有效蛋氨酸和胱氨酸含量，提高蛋白质的生物学价值。部分籽实类饲料经过发芽处理后，维生素的含量，特别是胡萝卜素和核黄素含量大幅度提高。富含淀粉的谷物饲料可进行糖化处理，使籽实饲料中一部分淀粉转化为麦芽糖，使饲料中糖的含量提高，从而提高了饲料的适口性和消化率。

在部分地区，将棉籽饼、菜籽饼作为饲料时，必须在饲喂前进行去毒处理，最简单的方法是将棉籽饼、菜籽饼粉碎后放入锅中煮沸去毒，煮沸时不断搅拌，使毒素蒸发干净。

3. 错误的饲料粉碎和调制方法

很多养殖场自己混制饲料，但在饲料混制过程中，认为饲料粉碎的越细，消化率越好，而实际生产中太细的饲料会影响鹌鹑消化率。也有的养殖场认为饲料混制时间越长，饲料越好，随意加大饲料混制时间，其实饲料的不同成分比重不同，在搅拌机的离心作用下，饲料随着搅拌机叶片不停地旋转，会导致饲料成分发生分离。

二、饲料饲喂误区

有些鹌鹑养殖场，尤其是大部分小型养殖场，每天不按时定量喂水喂料，而是根据饲养员的想法随心所欲，随意增加饲喂次数和饲喂量，这样不仅浪费饲料，还会增加饲养成本。还有些养殖场采用饲料拌湿饲喂法，却忽视料水比，致使饲料过稀。鹌鹑湿料饲喂的适宜料水比为1:(1.5~1.8)。在鹌鹑饲喂中要按饲喂量的5%加入砂粒以助消化。鹌鹑的饲喂方法不得当，也会使鹌鹑突发疾病，从而影响养殖经济效益。

第六章
做好鹌鹑疾病防治，向健康要效益

鹌鹑具有较强的适应性和抗病力，不易感染疾病，但在集约化、高密度饲养的模式下，由于日常管理不当和环境因素的影响，很容易造成疾病的发生。因此，要做好鹌鹑养殖场的日常管理和消毒工作，重点做好防治接种和预防性投药工作，发现病状及时治疗。

第一节　鹌鹑疾病的防治误区

鹌鹑养殖场疾病防治的误区主要表现在重治疗轻防控、药物和添加剂使用不规范等方面。

一、重治疗轻防控

大部分鹌鹑养殖场不重视疾病的防控，特别是小型养殖场，更没有严格的防控意识。由于鹌鹑个体小，饲养密度大，生长期短，一旦由于饲养管理不当或卫生防疫措施不到位，引起鹌鹑发生疾病，死亡率极高，养殖者不得不花费大量金钱去购买各种药物治病，蒙受的损失较大。因此，养殖过程中必须做到预防为主，做到防重于治。

1. 加强饲养管理，增加机体抵抗力

鹌鹑本身对多种疾病具有天生的抵抗能力，但不同的养殖场对疾病抵抗能力的差别较大，要实行科学饲养管理，及时防病治病。

2. 建立卫生、消毒制度，杜绝传染源

加强检疫，对患病或疑似患病的鹌鹑要及时隔离治疗和处理。坚持清扫和消毒工作，定期接种疫苗，提高鹑群对疾病的特异性抗病能力。

二、不规范使用药物和添加剂

在社会经济和科学技术水平飞速发展的今天，人们最关心的是食品安全，鹌鹑的肉蛋作为畜产品，也会存在一定的药物残留问题，直接影响到人类的健康。目前，少部分兽药和添加剂销售企业法律意识不强，存在违规经营和销售食品中含有动物禁用药品、其他化合物和饲料添加剂的现象，还有部分企业没有任何正规手续直接向养殖企业或养殖户销售兽药。对此，除相关主管部门加强监管力度外，养殖单位和养殖户也要守住自己的大门，购买正规企业的兽药和添加剂。

有些鹌鹑养殖企业和养殖户缺乏药理知识和常识，不了解国家规定的禁用药物和添加剂种类，使用药物对鹌鹑疾病进行治疗过程中无原则地加大饲喂倍量甚至几倍量地添加或不按疗程用药，这样易使某些病原菌产生抗药性，不仅不能很好地治疗疾病，而且会增加预防和治疗成本，同时也会造成部分有毒有害物质在鹌鹑肉和蛋产品中残留。养殖单位或养殖户也要做好兽药和饲料的记录，严格执行休药期，接受相关主管部门对兽药和添加剂使用的巡查、监督和检查，以减少畜产品不安全的风险。

第二节　鹌鹑养殖场的防疫原则

一、鹌鹑养殖场的日常管理误区

1. 水源卫生不合格

鹌鹑养殖用水的水质必须符合国家规定的卫生要求（GB 5749—2006）。若养殖场无自来水，有条件的可建水塔，并经管道输入鹌鹑舍，不得饮用场外受污染的河水、井水和池塘水等。

2. 空气环境不适宜

保持鹌鹑舍合适的温度和湿度及清新的空气，若某一个环节出现问题，将会影响鹌鹑的生长发育，从而影响经济效益。

3. 除害虫措施不到位

定期进行鹌鹑养殖场灭蚊、蝇和鼠等工作。防止飞禽传播疫病。

地面平养的鹌鹑要定期驱虫。

4. 病死鹑处理不及时

鹌鹑养殖过程中如果发现有鹌鹑患病和死亡，应及时将病鹌鹑和死鹌鹑剖检，剖检后根据具体情况进行妥善处置，若确诊为传染性疾病，应立即进行焚烧或深埋处理。

5. 定期消毒不到位

饲养期内要严格定期进行带鹌鹑消毒。

6. 净道和污道未分离

鹌鹑养殖场生产区净道和污道要严格分开，遵循污物走污道，饲料、产品及工作人员走净道的原则。

7. 脏乱差，治理不到位

每天饲养管理人员要定时清扫圈舍，及时清除粪便，定期整治环境和污水排放综合处理系统。

8. 日常观察不仔细

技术和饲养人员要每天仔细观察鹌鹑的精神状态、行走姿势、采食、饮水及外表病变等情况，发现有异常情况，需要及时报告和处理。如果不能及时观察发现鹌鹑的异常状况，会引发疾病的大批扩散，导致鹌鹑的大批死亡。

【注意】

小型鹌鹑养殖场内如果没有条件严格区分净道和污道，应在处理完污物后，进行严格彻底的清扫和消毒处理。

二、鹌鹑养殖场的卫生消毒

鹌鹑养殖场消毒的目的是消灭被传染源污染的，存在于外界环境中的病原微生物，是通过切断传播途径，阻止传染病继续蔓延的一项积极的防疫措施。

1. 消毒的种类

（1）预防性消毒 预防性消毒是指在未发现传染病时，结合平时的饲养管理对可能受病原体污染的鹌鹑舍场地、用具和饮水进行的消毒。消毒对象多样，如鹌鹑场进出口人员和车辆，以及鹌鹑全出后的笼舍等。

（2）疫源地消毒 疫源地消毒是指对存在或曾经发生过传染病的疫区进行的消毒，其目的是杀灭由传染源排出的病原体。根据实施消毒的时间不同，可分为随时消毒和终末消毒。随时消毒是指疫源地内有传染源存在时实施的消毒措施，消毒对象是病鹑或带菌（毒）鹑的排泄物，以及被污染的房舍、场地、用具和物品等，特点是需要多次反复消毒。终末消毒是指被烈性传染病感染的鹑群，经过一段时间后，全部病鹑处理完毕后，对鹌鹑场的内外环境和一切用具进行彻底的清扫和消毒。

2. 消毒的方法

鹌鹑养殖场消毒主要是对笼舍、用具和环境进行消毒，根据具体情况选择适宜的消毒方法。

（1）喷洒消毒 喷洒消毒是将消毒药配制成一定浓度的溶液，通常用喷雾器对需要消毒的地方进行喷洒消毒。这种方法简便易行，大部分化学消毒剂都适用于此法。消毒药液的浓度可参看消毒药的说明书配制。

（2）熏蒸消毒 熏蒸消毒常用福尔马林（40%甲醛溶液）和高锰酸钾配合进行，此方法的优点是消毒药呈气体状态，能分布到每个角落，消毒较全面，省工省力，但由于消毒时鹌鹑的门窗密闭，消毒后较长时间内还有强烈的刺激气味，不能立即应用，消毒效果也有一定的限制，最好与喷洒消毒配合使用。

（3）火焰喷射消毒 火焰喷射消毒使用特制的火焰喷射消毒器，因喷出的火焰温度较高，可以立即杀死一切细菌、病毒、寄生虫虫卵和爬行昆虫。此方法常用于金属笼具、水泥地面和砖墙的消毒，具有方便、快速和高效的优点，但不可以使用此方法消毒木质和塑料等易燃的物质。火焰喷射消毒时应有一定的顺序，要避免发生遗漏。

【小经验】

小型鹌鹑养殖场最适宜的消毒方法是在全进全出前后和育雏前后使用熏蒸消毒，每隔3~5天使用喷洒消毒。

3. 鹌鹑养殖场环境消毒药的选择

环境消毒药是指在短期内能迅速杀灭周围环境中病原微生物的药物。理想的环境消毒药应具备的条件是：杀菌性能好，低浓度时能杀死微生物，作用迅速，对人及畜禽无毒害作用；价格低廉易购买，性质稳定，无臭味，可溶于水，对金属、木质和塑料制品等没有损坏作用；无易燃性和爆炸性；不会因外界存在有机物和蛋白质等而影响杀菌作用。目前，市场上很难有一种环境消毒药完全具备这些条件，因此应根据养殖场的实际情况选择。

消毒药的种类很多，即使同一种消毒药，由于生产厂家的不同，商品名也有所不同，因此具体使用时要以商品的说明书为准。常用的环境消毒药见表 6-1。

4. 消毒中的注意事项

鹌鹑养殖场进行消毒应注意以下几个问题。

1）鹌鹑舍进行大规模消毒时，应将舍内的鹌鹑全部清出后再进行消毒。

2）机械清扫是搞好消毒工作的前提。根据试验结果表明，用清扫的方法，可使鹌鹑舍内的细菌量减少 21.5%，如果清扫后再用清水冲洗，则鹌鹑舍内的细菌数能再减少 50%～60%。清扫、冲洗后再加消毒药液喷雾，鹌鹑舍内的细菌数可减少 90% 以上，这样就可以达到消毒的要求。

3）影响消毒药作用的因素很多。消毒药的浓度、温度及作用时间与消毒效果是成正比的。消毒药物的浓度越大、温度越高、作用时间越长，其消毒效果就会越好。

4）有些消毒药具有挥发性气味，如福尔马林、臭药水、来苏儿等。有些消毒药对人及鹌鹑的皮肤有刺激性，如氢氧化钠等。因此，消毒后不能立即进鹌鹑，经过无害化处理后才能进鹌鹑。

5）消毒药不能混合使用，以免影响药效。但对同一消毒对象，几种消毒药先后交替使用，可以提高消毒效果。

6）每种消毒药的消毒方法和浓度应按说明书的要求使用，对于有挥发性的消毒药，应注意其保存方法是否适当，是否已超过保存期，以免影响消毒效果。

表6-1 常用的环境消毒药

名称	性状	作用	用途	用法	注意事项
来苏儿（煤酚皂溶液）	白色，液状	能凝固细菌的蛋白质，对繁殖型的病菌有较强的杀灭作用	笼舍、用具、排泄物、器械和人员的洗手消毒，也适于鹌鹑养殖场进出口的消毒池	3%～5%水溶液喷洒和浸泡	有特殊气味，不能用于肉类、蛋品和饮用水的消毒
氢氧化钠（烧碱）	白色结晶块	能溶解蛋白类，对病毒有很强的杀灭能力	笼舍、环境消毒及消毒池	2%～3%水溶液喷洒	易潮解，需密闭保存，对机体组织、金属有腐蚀性
过氧乙酸（过醋酸）	无色透明液体	可氧化蛋白类，杀菌作用快，对真菌、细菌、芽孢和病毒均有效，但对人和畜禽无害	笼舍、地面、环境和排泄物的消毒，也可用于水果、蔬菜和肉品的消毒	0.5%水溶液喷洒和浸泡	密闭、避光，低温保存，有效期半年。遇热（70℃以上）易爆炸
漂白粉（氯化石灰）	白色粉末	遇水产生次氯酸，通过氧化作用杀菌	环境、饮用水消毒	10%～20%乳剂用于环境消毒。每立方米饮水中加入5～10克，可用于饮用水消毒	密闭保存

（续）

名　称	性　状	作　用	用　途	用　法	注意事项
福尔马林（37%～40%甲醛）	无色水溶液，具有强烈刺激气味	甲醛与微生物蛋白质的氨基结合，使蛋白质变性	笼具、环境和熏蒸消毒	2%～4%水溶液喷洒	密闭保存，有强烈刺激性气味
高锰酸钾	暗紫色结晶粉末	遇有机物可引起氧化，能杀死繁殖型细菌	饮用水、环境消毒	0.1%饮用水消毒，也可与甲醛配合熏蒸消毒	饮用水消毒时浓度不能过高
新洁尔灭	胶状、无色液体	季铵盐类和阳离子表面活性消毒剂	器械、环境、人员的洗手消毒	0.1%浸泡器械和洗手消毒，2%室内喷雾消毒	
抗毒威	白色粉末	以二氯异氰尿酸钠为主剂的复方消毒剂，广谱、高效	鹑舍、笼具、环境、饮用水消毒	稀释500倍使用	
百毒杀	无色、无味溶液	阳离子清洁剂，渗透力强，杀菌谱广，并有除臭作用	鹑舍、环境、饮用水消毒	1千克水中加1.28毫升用于环境消毒，加0.52毫升用于带鹑消毒，加0.1毫升用于饮用水消毒	

7）有条件的鹌鹑养殖场应对消毒药的消毒效果进行细菌学测定。

【禁忌】

禁止几种消毒药物混合使用，禁止按照个人意愿随意用量。

三、鹌鹑养殖场的免疫接种

1. 鹑用疫苗的正确选择

疫苗是对鹑群实施免疫接种的“武器”，也是鹑群产生对某一传染病免疫力的起动剂。疫苗是根据免疫学原理，利用病原微生物本身或其生长繁殖过程中的产物为基础，经过科学加工处理制成的。与一般化学药品不同，疫苗通过免疫接种使家禽产生抵抗力，从而免于感染某种特有的传染病。鹑用疫苗的种类很多，按毒株的强弱可分为弱毒苗和强毒苗，按剂型可分为活苗和死苗，按制作方法又可分为冻干苗、液体苗、干粉苗、油剂苗、组织苗和佐剂苗等。现在养殖场多使用多价苗和联苗。随着科学技术的发展，新一代的亚单位疫苗、基因工程疫苗和合成肽疫苗等也得到重视。

鹑用疫苗接种的方法和途径很多，有的疫苗只能接种种鹑，目的是提高母源抗体水平，使下一代在一定期间内具有被动免疫力。有的需要1日龄接种，有的要在开产前才可接种。接种的途径有皮下注射、肌内注射、皮肤刺种和肛门涂擦等，但目前常用的方法为点眼、滴鼻、喷雾、饮水和拌料等。接种疫苗后经一定的时间（数天至2周）可获得数月至1年以上的免疫力。因此，做好免疫接种是确保鹑群健康，提高鹑群成活率的一项重要举措。

鹑用疫苗接种时应注意以下问题。

1）疫苗为特殊的生物制品，生物制品均怕热，特别是活疫苗必须低温冷藏，防止保存温度忽高忽低。运输时要有冷藏设备，使用时不可将疫苗靠近高温或在阳光下曝晒。

2）使用前要逐瓶检查，注意瓶口是否严密，有无破损，瓶签上有关疫苗的名称、有效日期和剂量等记录是否清楚。使用后要详细记录疫苗的批号、检验号和生产厂家，若出现疫苗的质量问题便于追查。

3）注意消毒。生物药品使用的器材，如注射器、针头、滴管、稀释液瓶等，都要事先洗净，并经煮沸消毒后方可使用。针头要做到注射1笼或10~20只鹌鹑换1个，切勿用1个针头注射到底。在疾病流行的禽群，应实行每只鹌鹑换1个针头。吸液时，若一次不能吸完，不要拔出疫苗瓶上的针头，一则便于继续吸取，二则避免污染瓶内的疫苗。

4）需稀释后使用的疫苗，要根据每瓶规定的头份用稀释液进行稀释。无论生理盐水，还是缓冲盐水、蒸馏水或铝胶盐水，都要求瓶内无异物杂质，并在冷暗处存放。已经打开瓶塞的疫苗或稀释液，需当天使用完，若用不完则应废弃。切忌用热的（40℃以上）稀释液稀释疫苗。

5）饮水免疫时，首先要注意水质，若用自来水，应先积蓄8小时以上，让其中的氯气挥发后再使用，最好加入0.2%的脱脂奶。饮水器要有足够的数量，可保证大部分鹌鹑同时能饮到水。盛水的容器要干净，不可用金属容器。饮水免疫前先要停水，夏季停4小时，冬季停6小时。每只鹌鹑的免疫饮水量为5~15毫升（因个体大小不同而异），要求在半小时内饮完。

6）必须执行正确的免疫程序。预防不同的传染病，应使用不同的疫苗，即使预防同一种传染病，也要根据具体情况选用不同毒株或类型的疫苗。对于新城疫，应根据抗体检测的结果，制定出合理的免疫程序。

7）要了解和掌握本地区和本场传染病流行的情况，以便合理地使用疫苗。鹌鹑必须在健康的状态下接种疫苗，这样疫苗才能发挥作用，正在发病或不健康的鹌鹑不宜接种疫苗。

8）紧急预防接种。如果鹑群中发现新城疫等急性传染病，可进行紧急预防接种，但需剔除病鹑。要做到每只鹌鹑使用单独的针头。

9）免疫接种后要搞好饲养管理，减少应激因素。一般于接种后5~14天才能使机体产生一定的免疫力，在这段时间要注意饲喂全价饲料，防止病原入侵，减少应激因素（如寒冷、闷热、拥挤、通风不良、氨气过浓等)，使机体产生足够的免疫力。

10）疫苗的保存期。各种不同类型的疫苗其保存期和保存方法是不同的，一般来讲，活疫苗应低温冷冻保存，灭活苗在4℃左右为宜。

【提示】

疫苗在运输和保存过程中，一定要低温（-20℃)，避免疫苗失效。

2. 鹌鹑的免疫程序选择

鹌鹑与鸡、鸭、鹅等家禽一样，可能发生多种传染病，而用来预防这些传染病的疫苗又不相同，有活苗也有灭活苗，免疫期有长有短，接种日龄有早有晚，每个鹌鹑场应根据鹑群的实际情况选用疫苗，并按疫苗的免疫特性合理地安排预防接种的次数、时间和方法，制定合理的免疫程序。只有合理的免疫程序才能充分发挥疫苗的免疫效果，但也不可能制定出一个适合我国各地、各个鹌鹑场通用的、统一的免疫程序。目前，我国尚未研制和生产鹌鹑专用的疫苗，但可使用若干鹌鹑和其他家禽共患病的疫苗，如新城疫疫苗等，同样能产生免疫效果。目前我国的养鹑业中，免疫接种得不到重视，许多鹌鹑场并没有开展免疫接种，带来严重的经济损失。

【小经验】

鹌鹑养殖中，不是所有疫苗均需接种，可根据本地区流行性疾病的发病特点，进行合理有效选择。

鹌鹑推荐的免疫程序见表6-2~表6-4。鹌鹑常用疫苗见表6-5。

表6-2 商品肉鹑的免疫程序

序号	日龄	免疫项目	疫苗名称	接种方法
1	10	禽流感	H5N1灭活苗	颈部皮下注射
2	15	新城疫	新城疫Ⅱ系或Ⅳ系冻干苗	饮水、点眼或滴鼻
3	25	新城疫	新城疫Ⅱ系或Ⅳ系冻干苗	饮水

表 6-3　商品蛋鹑的免疫程序

序号	日龄	免疫项目	疫苗名称	接种方法	说　明
1	1	马立克氏病	HVT 活苗	颈部皮下注射 1 头份	需专用稀释液稀释
2	10	禽流感	H5N1 灭活苗	颈部皮下注射 1 头份	
3	15	新城疫	Ⅳ系苗	点眼	
4	18	传染性法氏囊病	弱毒苗	饮水	
5	25	新城疫	油乳剂灭活苗	颈部皮下注射 0.2 毫升	
6	60	禽霍乱	油乳剂灭活苗	皮下注射 0.2 毫升	

表 6-4　种鹑的免疫程序

序号	日龄	免疫项目	疫苗名称	接种方法
1	1	马立克氏病	HVT 活苗	颈部皮下注射
2	10	禽流感	H5N1 灭活苗	颈部皮下注射
3	12	新城疫	Ⅳ系苗	点眼
4	18	传染性法氏囊病	弱毒苗	饮水
5	28	传染性法氏囊病	弱毒苗	饮水
6	30	新城疫	Ⅳ系苗	饮水
7	60	禽霍乱	油乳剂灭活苗	皮下注射 0.2 毫升
8	90	禽霍乱	油乳剂灭活苗	皮下注射 0.2 毫升
9	120	新城疫	Ⅳ系苗	点眼

表 6-5　鹌鹑常用疫苗

疫苗名称	性状	用途	用法用量	免疫期	说明
新城疫Ⅱ系或Ⅳ系冻干苗	浅红或浅黄色疏松团块，加入稀释液后即溶解	预防新城疫	按瓶签标明的雏鸡头份加生理盐水或冷开水稀释点眼、滴鼻或饮水	15 ~60 天	免疫期长短与母源抗体水平有关
新城疫油乳剂灭活苗	为乳白色带黏性乳状液	预防新城疫	适用于各种日龄的鹑免疫，每雏鹑皮下注射 0.2 毫升	10 个月	必须经弱毒苗基础免疫

（续）

疫苗名称	性状	用途	用法用量	免疫期	说明
马力克氏病 HTV 冻干苗	白色疏松团块，加入微黄色透明的专用稀释液，即化为悬浮液	预防马立克氏病	按瓶签标明的雏鸡头份，使用专用稀释液稀释，1 日龄雏鹑皮下注射 0.2 毫升	1 年	疫苗稀释后仍要冷藏，并在 2 小时内用完
传染性法氏囊病冻干苗	浅红色疏松团块，加稀释液后即溶解	预防传染性法氏囊病	用鸡的头份给鹌鹑饮水、点眼或滴鼻	15～60 天	免疫期长短与母源抗体和免疫次数有关
禽巴氏杆菌病油乳剂灭活苗	为乳白色的乳状液	预防巴氏杆菌病	1 月龄以上的鹌鹑，每只颈部皮下注射 0.2 毫升	6 个月	
禽大肠杆菌并油乳剂多价灭活苗	为乳白色的乳状液	预防大肠杆菌病	雏鹑 0.2 毫升，种鹑 0.5 毫升，颈部皮下注射	2 个月，免疫种鹑可提高母源抗体	
禽流感油乳剂灭活 H5N1 苗	为乳白色的乳状液	预防 H5N1 禽流感	颈部皮下注射	6 个月	

第三节　鹌鹑常见疾病防治

一、传染性疾病

1. 禽流感

禽流感是由 A 型流感病毒引起的禽类急性和高度致死性传染病。

禽流感不仅给养禽业造成了巨大的经济损失，其变异毒株还可以传染人，曾给人类带来灾难，因此得到世界各国的重视。

禽流感病毒属于正黏病毒科、流感病毒属。病毒表面有两种抗原，分别为血凝素（HA）和神经氨酸酶（NA）。禽流感病毒区分为H1～H5型和N1～N9型，可组成135种亚型，其中以H5N1、H7N7和H7N9型毒株的危害较大。

【诊断要点】

1）鹌鹑的易感性极高，感染后可引起大批死亡。

2）病鹑及其尸体是主要的传染源，也可通过带毒的候鸟进行远程传播。

3）病鹑的粪便、羽毛和排泄物等经消化道、呼吸道、皮肤损伤和眼结膜等途径传播，病鹑的蛋也可带毒，造成出壳后的雏鹑大批死亡。其他日龄的鹑感染后发病率和病死率也很高。

4）禽流感的潜伏期为3～5天。流行病先出现最急性病例，病鹑无任何症状突然大批死亡。

5）禽流感的急性病程为1～2天，病鹑体温升高至43℃以上，精神沉郁，羽毛松乱，头和翅下垂，不愿走动，眼睑水肿，眼结膜发炎，眼分泌物增多，呼吸困难，鼻分泌物增多，病鹑常摇头，企图甩出分泌物。有的出现神经症状，有的发生瘫痪和眼盲，发病率和病死率为50%～100%。

6）禽流感特征性的病变为口腔、腺胃、肌胃角质膜下层和十二指肠出血，腹部脂肪和心肌均有散在性的出血点，肝、脾、肾、肺可见灰黄色的坏死灶，心包积液。

7）确诊禽流感必须做实验室诊断，一旦发现可疑病例，应逐级上报主管部门，由专门机构负责检测。

【防治要点】

1）鹌鹑养殖场的鹑群均需要进行H5N1禽流感灭活苗的免疫接种。

2）发现疫情及时上报，主管部门要进行正确诊断，划区封锁，执行扑杀，彻底消毒，严格隔离和强制免疫的综合措施。

2. 新城疫

新城疫俗称鸡瘟，是由病毒引起的禽类急性、败血性高度传染病，鹌鹑也能感染。传染源主要是病鸡、病鹑、昆虫，人也可成为传染媒介。被病毒污染的饲料、水和用具可造成传染。新城疫一年内均可发生，但以春季、秋季多发。由于新城疫分布广，传播快，病死率高，会给养鹑业带来严重的经济损失，为鹌鹑的首要传染病。

【诊断要点】

1）病鹑表现精神沉郁，食欲下降，叫声减弱，羽毛松乱、无光泽，腹泻，粪便呈白色或草绿色。少数病鹑后期出现斜颈，转圈，翅下垂等症状，蛋鹑的产蛋量明显下降，并出现白壳无花纹蛋、软壳蛋和小个蛋等异常蛋。

2）主要病变为出血性败血症，腺胃乳头出血，十二指肠与空肠黏膜弥漫性出血，卵巢有明显的出血点。

3）可从肺和脾中分离出新城疫病毒，在病鹑群中随意采血做 HI 测定，可发现 HI 抗体高低不一，慢性病例可测出较高的新城疫 HI 抗体。

【防治要点】

病鹑无治疗价值，必须及早淘汰。发病初期，在淘汰病鹑的基础上，对其他假定健康鹑立即用新城疫Ⅳ系苗进行紧急免疫接种，每只鹌鹑肌内注射 2 头份，注意每次注射要更换针头。

尚无有效的药物治疗本病，可以通过综合防治措施，加强卫生管理和注射疫苗来预防本病。首次免疫在 10 日龄进行（Ⅳ系苗点眼、滴鼻），经 10～15 天后进行二次免疫（Ⅳ系苗饮水）。蛋鹑或种鹑于产蛋前 2 周用新城疫油乳剂苗皮下注射 0.2 毫升，可获得有效的免疫力，并含有较高的母源抗体，可使种鹑孵出的幼鹑在 2 周内获得被动免疫。

3. 传染性法氏囊病

传染性法氏囊病是仔鹑的一种急性病毒性传染病，主要侵害鹌鹑的体液免疫中枢器官——法氏囊。本病传播快，流行广，防治困难，一旦患病损失惨重。

【诊断要点】

1）传染性法氏囊病主要发生于鹌鹑之间，以3~5周龄最易感，4~6月为流行高峰季节，发病突然，蔓延迅速，发病率高，病死率为3%~30%。

2）病鹑表现为减食、萎靡、昏睡、羽毛蓬松，排白色水样稀粪，有脱水症状，经1周后病死数明显减少，迅速康复。药物防治无效。

3）主要特征为法氏囊肿胀，囊内黏膜水肿、充血、出血、坏死，并有奶油色或棕色的渗出物，病程稍长者法氏囊萎缩。胸肌和腿肌有条片状出血斑。

4）实验室诊断常用的是琼脂扩散试验。病鹑感染本病24~96小时，法氏囊中病毒含量最高，可用已知阳性血清检查法氏囊匀浆中的抗原。感染6天以上，可检测出病愈鹑血清中的沉淀抗体，抗体可维持10个月不消失。

【防治要点】

1）传染性法氏囊病流行的严重程度及病死率的高低，除了与毒株的毒力强弱有关外，还与鹌鹑舍的环境温度，通风换气，饲料营养及各种应激因素有关。因此，要注意改善鹑群的环境条件，避免应激发生。

2）免疫接种是控制法氏囊病的重要措施。首次免疫在18日龄左右，经10天左右进行再次免疫，可获得较好的免疫效果。

3）当鹑群发生法氏囊病后，在改善饲养条件的基础上，饮水中可加5%的糖和0.1%的盐。在发病的初期还可注射抗法氏囊病高免血清或卵黄抗体。

4. 马立克氏病

马立克氏病是由病毒引起的鹌鹑高度传染性肿瘤性疾病，分为神经型和内脏型两种。神经型特征为腿和翅麻痹，内脏型特征为各内脏器官和性腺等部位形成肿瘤。国内外均有鹌鹑马立克氏病的报道。在养鹑生产实践中，只要正确地接种马立克氏病疫苗，本病是可以控制的。

【诊断要点】

1）幼鹑对马立克氏病易感，但一般要在10周后才表现出症状或死亡。据研究报道，日本鹌鹑对本病的易感性最大，母鹑的易感性大于公鹑。

2）病鹑精神不振，消瘦，贫血和死亡，剖检可见到内脏如心、胃、肝、脾等器官出现局部或全部不同程度的肿瘤。

【防治要点】

鹌鹑马立克氏病目前无法治疗，关键在于预防。疫苗接种是防治本病的重要措施，常用的是火鸡疱疹病毒疫苗（HVT）。雏鹑刚出壳1日龄即应接种，皮下注射0.2毫升（1头份鹌鹑的用量）。

【注意】

接种马立克氏病疫苗时，要预防雏鹑的早期感染，注意雏鹑环境的消毒和隔离，切勿将不同大小的鹌鹑混养。

5. 白痢

白痢的病原为鸡沙门氏菌，此菌遍布于外界环境，目前已探明的沙门氏菌属包括近2000多个血清型，但危害人和畜禽的仅10多个，多存在于病鹑的生殖器官、肠道及肝脏中，病菌可随着粪便和蛋排出体外。白痢既能水平传播，又能经过蛋垂直传播，主要危害雏鹑。白痢在许多地区不断地发生和流行，是困扰养鹑业发展的严重疾病之一。

【诊断要点】

1）鹑白痢主要发生在2周龄以内的雏鹑。症状表现为精神萎靡，缩颈闭目，离群呆立，不时发出尖叫声，白色糊状粪便堵塞肛门。

2）日龄较大的鹌鹑往往同时发生副伤寒或伤寒，主要发生于饲养管理条件较差的鹌鹑场，呈散发或地方性流行。病鹑表现为食欲废绝，腹泻，排出黄绿色的稀粪，极度消瘦，剖检可见肝、脾肿大，有坏死病灶，小肠黏膜增厚或呈出血性炎症。

3）种鹑可用鹑白痢血凝试验方法诊断，血清阳性者即可诊断为鹑白痢的感染者。

【防治要点】

1）对种鹑应定期进行鹑白痢检疫，淘汰阳性种鹑，这是杜绝垂直传播的重要手段。

2）注意鹌鹑的饲养管理和环境卫生，一旦发现本病流行，立刻对病鹑进行隔离，同时用抗菌药物进行防治。

6. 大肠杆菌病

鹌鹑大肠杆菌病是由致病性大肠埃希氏杆菌引起的多型性传染病，包括急性败血症、脐炎、气囊炎、肝周炎、肠炎、关节炎、肉芽肿、输卵管炎和蛋黄腹膜炎等。本病一般发生于鹌鹑的胚胎期至产蛋期，主要为幼鹑和部分成年鹑。大肠杆菌分布广泛，存在着少数有致病力的菌型。从病鹑体内分离到的血清型菌株，仅对鹌鹑有致病性。随着养鹑业的发展，鹌鹑的饲养密度增加，大肠杆菌病的流行也日趋增多，造成鹌鹑的成活率下降，给养鹑业带来较大的经济损失。

【诊断要点】

1）大肠杆菌病的传播途径有以下 3 种。

① 母源性种蛋带菌，垂直传递到下一代的雏鹑。

② 种蛋内部不带菌，但蛋壳表面被粪便沾污，未经清洗和消毒，细菌在种蛋保存期或孵化期侵入蛋内部。

③ 接触传染。被致病性大肠杆菌污染的饲料、饮水、垫料和空气等是主要的传播媒介，可通过消化道、呼吸道、脐带和皮肤创伤等途径感染。

2）鹌鹑的大肠杆菌病有多种表现，最常见的是大肠杆菌性败血症，4～6 周龄的鹌鹑多见，呈散发或地方性流行，病死率可达 5%～50%，出现全身症状后，衰竭死亡。剖检可见肝表面有白色附着物（为肝周炎），以及心包炎、气囊炎等病变。本病往往与其他疾病并发或继发感染。

【防治要点】

1）搞好饲养管理和环境卫生是防治本病的基本条件。种蛋要经消毒后才能孵化，孵化机和出雏机要经常进行消毒处理。

2）在大肠杆菌病常发地区可用疫苗接种，种鹑可用灭活菌苗接种，以增强其母源抗体，使雏鹑有一定的被动免疫力。

3）已发病的鹑群可用药物防治，常用的有氟苯尼考、庆大霉素、卡纳霉素和链霉素，具体用法为：10%氟苯尼考按0.1%的比例，庆大霉素按照每千克体重2毫克，卡纳霉素按照每千克体重30~40毫克，链霉素按照每千克体重7.5国际单位拌料、饮水或肌内注射。也可用本型菌制作灭活菌苗进行预防注射。

【小经验】

1日龄雏鹑在患大肠杆菌病后，除进行药物治疗外，饲喂乳酸制剂和维生素E，效果更好。

7. 巴氏杆菌病

鹌鹑巴氏杆菌病是由禽多杀性巴氏杆菌引起的，又叫禽霍乱。巴氏杆菌病是一种以急性败血性及组织器官的出血性炎症为特征的传染病，常伴有恶性腹泻症状，有较高的发病率和死亡率。

【诊断要点】

1）鹌鹑对巴氏杆菌病较易感。因此，鹌鹑养殖场周围若有饲养带有本病的禽类，极易将病传给鹌鹑。

2）最急性型巴氏杆菌病，往往可突然死亡，然后出现急性型，病鹑表现为体温升高，食欲废绝，低头垂翅，呼吸困难，排出草绿色的稀粪，病的后期出现跛行，关节肿大。出血性败血症，肝、脾有针尖大小、灰白色的坏死灶，是巴氏杆菌病的特征性病变。

3）实验室诊断通常用肝、脾及心血做涂片，经染色溶液染色后镜检，看到有两端浓染、像双球菌形态的巴氏杆菌即可初步诊断为巴氏杆菌病。

【防治要点】

1）鹌鹑不要与其他禽类混养，一旦发现本病，立即严格处理病

死鹑，防止病原扩散。

2）在巴氏杆菌病常发地区或鹌鹑养殖场，可用禽巴氏杆菌灭活苗进行有计划的预防接种。

3）当鹌鹑养殖场发生巴氏杆菌病或受到威胁时，立即进行抗菌药物预防，至少连续用药 1 个疗程（3 ~5 天）。

【注意】

鹌鹑患有巴氏杆菌病时，最好选几种药物交替使用，避免产生耐药性。

8. 鹌鹑支气管炎

鹌鹑支气管炎是由鹌鹑气管炎病毒引起的急性、高度传染性呼吸道疾病，主要经接触水平传播，也可经过空气传播。

【诊断要点】

1）鹌鹑支气管炎常发生在 1 ~8 周龄的鹑群中，尤以 4 周龄以下的鹌鹑最易感，发病率可达 100%，病死率常超过 50%。鹌鹑呈隐性感染并能成为传染源。

2）鹌鹑支气管炎在鹑群中突然发生，迅速传播，表现为咳嗽，打喷嚏，衰竭，呼吸有水泡音。鹑群扎堆，精神沉郁，减食，有的出现结膜炎、流泪。主要病变是气管和支气管中有大量黏液，气囊浑浊，结膜炎，鼻窦或眶上窦充血。潜伏期为 4 ~7 天。

3）实验室诊断时，可将病鹑的眼球水状液、气管、气囊或肺悬液，接种于 9 ~11 日龄鹑胚的绒毛膜尿囊，在接种后第六天时，低温致死鹑胚并收获尿囊液传 3 ~5 代，随着继代次数的增加，胚胎死亡率也增加，并出现典型的胚胎病变。

【防治要点】

鹌鹑支气管炎目前尚无特效的药物治疗，预防可采用鸡传染性支气管炎疫苗进行免疫接种。日常管理中可采用一般的常规防治措施，如隔离病鹑，提高育雏舍和鹌鹑舍的温度，保持空气通风适度，避免饲养密度过大，发病群可使用 0.04% ~0.08% 土霉素或金霉素拌料或饮水，添加维生素 C、维生素 A 和多维添加剂，可促进鹑群康复。为

预防继发感染，鹌鹑舍可用福尔马林溶液熏蒸消毒后再用含氯或含碘制剂消毒。病鹑未彻底清理之前，暂停进雏。

9. 溃疡性肠炎（鹌鹑病）

溃疡性肠炎是由一种产气荚膜梭菌引起的以肠道溃疡和肝脏坏死为特征的急性细菌性传染病，因最早发现于鹌鹑，故也称鹌鹑病。本病的病原为一种厌氧梭状芽孢杆菌，对环境适应性很强。本病一般呈地方性流行，有时也呈大面积流行。

【诊断要点】

1）一般4～12周龄的鹌鹑最易感，主要通过消化道传播。苍蝇是本病传播的主要媒介。使用变质或不清洁的饲料，长期阴雨潮湿可诱发本病。

2）溃疡性肠炎主要症状是食欲不振，饮水增加，腹泻，排出含有尿酸盐的白色稀粪，后转为绿色或褐色的水泻样粪。病鹑弓背，闭眼，羽毛松乱，动作迟缓。病程5～10天，幼鹑的死亡率高达100%，成年鹑死亡率50%左右。本病的特征性病变是十二指肠和小肠出血，盲肠上有灰黄色的坏死灶，肝充血、肿大和出血。

【防治要点】

1）加强饲养管理。注意做好日常的清洁卫生工作，不能食用腐败霉变的饲料，发现本病后应对环境进行彻底消毒，隔离病鹑，选择含氯消毒剂、氢氧化钠等对环境、鹌鹑舍、饲养设施和饲养器具进行严格消毒。

2）药物治疗。口服链霉素60毫克/千克或杆菌肽100毫克/千克，或加入乳酸环丙沙星100毫克混饮，均有良好的预防和治疗效果。

10. 球虫病

鹌鹑球虫病是由艾美耳球虫寄生于鹌鹑肠道引起的肠道寄生虫疾病，多为食入被球虫孢子化污染的饲料和饮水而发病，一般发生于1～2月龄。病鹑表现为贫血、消瘦和血痢。急性感染可造成大批鹌鹑死亡；中轻度感染主要影响鹌鹑生长发育，并降低对其他疾病的抵抗力。本病分布广，是条件简陋鹌鹑养殖场的常见病。

【诊断要点】

1）球虫病可感染各种日龄的鹌鹑，但2周龄以前的鹌鹑因受到母源抗体的保护，发病较少，以15～30日龄最易感，未与寄生虫接触过的成年鹑也敏感。特别是南方温暖多雨的季节，有利于球虫卵发育，易造成本病流行。

2）病鹑排出黄褐色稀粪或混血粪，精神沉郁，食欲减退，羽毛松乱，生长停滞，肛门周围羽毛被排泄物污染，便血严重，最后痉挛、昏迷而死亡。成年鹑感染多呈慢性，逐渐消瘦，产蛋率下降，死亡率不高。主要病变在盲肠或小肠，表现为充血、出血和内容物混有血液。

3）实验室检查。采集粪便涂片镜检，可见到大量球虫卵。

【防治要点】

1）加强饲养管理，搞好环境卫生，特别是育雏舍要彻底消毒。保持适当的舍温和光照，通风良好，饲养密度适中，尽量实施笼养和网养，可减少球虫病的发生。

2）防治本病的药物很多，可在饲料或饮水中投服。为了防止耐药性的产生，注意应经常更换药物。一旦发生本病，要及时隔离治疗，并做好消毒工作。治疗可用球痢灵按照10千克饲料拌入0.63克，青霉素按照2000单位饮水，敌菌净以0.01%浓度拌料，磺胺二甲嘧啶按照0.15%拌料。

治疗球虫病时，应注意供应充足的维生素A。

11. 鹌鹑痘

鹌鹑痘是由禽病毒引起的一种急性、热性和接触性传染病。本病特征是皮肤或黏膜出现斑疹、丘疹、水疱和脓疱等。本病主要通过呼吸道感染，病毒可通过损伤的皮肤和黏膜侵入机体。冬末春初季节易流行。禽痘病毒存活时间较长，但在阳光直射和甲醛溶液等条件下很容易被杀死。

【诊断要点】

鹌鹑痘易发生于头部、腿、脚、肛门和翅膀内侧的无毛区，伴有鼻炎症状；口腔或食道感染，可见到白喉性伪膜。

【防治要点】

1）做好鹌鹑舍的消毒和除蚊、灭虫工作。当发现鹌鹑发病时，应及时隔离和对鹌鹑舍进行灭蚊、灭蝇等工作。

2）将发病鹌鹑患处痘痂剪破，用0.2%的高锰酸钾溶液清洗，然后涂上消炎药，每天1~2次，连续3天左右。

3）用碘甘油涂擦患部或涂以皮康霜软膏、四环素软膏或磺胺软膏等。

12. 霉形体病

霉形体病是鹌鹑常见的呼吸道传染病，任何年龄的鹌鹑均可发病，冬、春季更为多发。

【诊断要点】

病鹑主要表现为呼吸困难，张口呼吸，发出“咕噜”的声音，慢性消瘦，羽毛松乱，失去光泽。

【防治要点】

日常加强饲养管理，减少不良应激。如果发病，可使用0.1%~0.2%的氯霉素等拌料，或用0.01% ~0.02%的红霉素、环丙沙星和恩诺沙星饮水，每个疗程5~7天。

13. 鹌鹑传染性脑脊髓炎

鹌鹑传染性脑脊髓炎是由脑脊髓炎病毒引起的。本病可垂直传播，出壳后5~10天发病；也可水平传播，15天以后发病。

【诊断要点】

1）临床症状。雏鹑表现为精神不振，卧地，共济失调，步态不稳，但食欲表现正常，头颈震颤。眼浑浊，晶状体褪色，内部出现絮状物，瞳孔反射弱，眼球增大失明。成年鹑症状不明显，产蛋量下降，1周后逐渐回升。

2）剖检变化。剖检一般无明显症状，有时会发现胃的肌肉层有灰白区，肌胃、心肌、脑和胰腺聚集有大量淋巴细胞。

【防治要点】

种鹑接种脑脊髓炎疫苗，母源抗体可保护3~4周龄的雏鹑。种鹑免疫时应和雏鹑隔离。用过的疫苗瓶应进行高温消毒后再深埋，防止病毒传播。免疫后28天内的种蛋不能入孵。

传染性脑脊髓炎无特效药物治疗。一旦发病，可在饲料中添加吗啉胍（病毒灵）和抗生素缓解症状。发病鹑严格淘汰。若育雏期感染本病，种鹑群就不需要接种疫苗。

二、一般性疾病

1. 蛔虫病

蛔虫病主要是鹌鹑食用带有感染性蛔虫卵的青菜类饲料所致。蛔虫是肠道中最大型的线虫，呈黄白色线状。

【诊断要点】

病鹑表现为食欲减退，精神沉郁，羽毛松乱，两翼下垂，逐渐消瘦，蛋鹑产蛋率下降，消化机能障碍，最后导致消瘦死亡。

【防治要点】

若有鹌鹑发病，可用左旋咪唑每千克体重30毫克，混料或溶于饮水中。

2. 脱肛

鹌鹑脱肛多发生于初产期或高产期。本病发生的主要原因有开产期过早或产蛋高峰时，鹌鹑体质瘦弱或营养过剩，造成输卵管内膜油质分泌物不足；饲料不全价，粗纤维过多或过少，维生素D_3供应不足；母鹑患子宫内膜炎病，并与公鹑强制交配；产大蛋；母鹑过瘦或过肥；舍内光线过强等。

【诊断要点】

临床症状为肛门明显脱出。

【防治要点】

鹌鹑的脱肛需从饲养管理方面入手，及时采取措施，消除各种隐患。发病后可先将病鹑肛门附近的污秽羽毛剪去，再用温水配制0.1%高锰酸钾溶液清洁患处，即可将脱出的肛门还纳。

3. 感冒

感冒是一种呼吸系统的常见病，任何阶段的鹌鹑均可发生，一般以幼鹑为主，冬、春寒冷季节多见。

【诊断要点】

病鹑表现为精神沉郁，羽毛松乱，食欲降低，呼吸困难，明显特征是流鼻水，鼻水初期为清稀的浆液，后期转为黏稠的黏液。

【防治要点】

为了防治鹌鹑感冒，鹌鹑舍需做到防寒保暖，冬暖夏凉。育雏阶段严格按要求供温。饲养密度不可过大，及时清粪，加强通风，排除室内有害气体，保证维生素 A 的供应。一旦发病，可用 0.02%～0.04% 的金霉素，混料饲喂；或用中药穿心莲和金银花各 30 克，煮水，可供 100 只幼鹑或 50 只成鹑饮用，每天 1 次，连用 3 天。

4. 啄癖

鹌鹑啄癖一般是饲养管理不当所引发的疾病。啄癖一般有啄毛癖、啄蛋癖和啄肛癖。原因主要有以下 4 个方面。

① 日粮配合不完善。日粮中蛋白质含量不足，缺乏某些必需氨基酸、某种维生素或某种矿物质（最常见是缺乏食盐），都有发生啄癖的可能。

② 龄期不同，体质强弱不一，病鹑和健康鹌鹑混合饲养时，常出现以大欺小，以强凌弱，弱者无力抵抗被啄食，严重者被啄致死。

③ 鹌鹑舍内通风不良、室温过高、湿度过大、光线过强或饲养密度过大，均可诱发啄癖。

④ 鹌鹑体表损伤，输卵管或直肠垂脱，如果不及时隔离治疗，很快会招惹其他鹌鹑前来啄食。

【诊断要点】

临床症状为消瘦，明显的体毛缺失、肛门脱出。

【防治要点】

从饲养管理方面入手，及时采取措施，消除各种诱因。

5. 鹑虱

鹑虱是一种体外寄生虫病，影响产蛋量，使鹌鹑体重下降、消瘦。

【诊断要点】

临床症状为体表无羽区、肛门周围可见羽虱，头部及体表其他部位羽毛上有成块、成串的虫卵附着。

【防治要点】

保持舍内清洁，鹌鹑进舍前用0.5%的敌百虫溶液或除虫菊粉等喷洒鹌鹑舍，消灭病原。年久的房舍和旧鹌鹑舍均易发生本病。

发病后的鹑群可用1%的精制敌百虫片水溶液对鹑体喷雾。喷雾前应将料槽中的饲料和水槽中的水去掉，喷雾完毕用清水冲洗水槽，用抹布擦净料槽后再加水加料，隔7天后再重复施药1次。

6. 鹌鹑灰脚病

鹌鹑灰脚病是寄生性螨类引起的鹌鹑脚部疾病。鹑脚外如同附着一层石灰，引起关节或趾骨变形，生长受影响，产蛋率下降。

治疗鹌鹑灰脚病可用3%敌百虫溶液浸泡病脚5分钟，以杀死虫体，10天后再重复浸泡1次即可。

7. 鹌鹑绦虫病

鹌鹑绦虫病是由寄生在鹌鹑消化系统的绦虫引起的一种寄生虫病。

【诊断要点】

1）临床症状。消瘦，产蛋量减少，羽毛无光泽。粪便变稀，粪便带血或肉丝，粪便上有绦虫节片。

2）剖检变化。剖检可见十二指肠后的小肠肠壁增厚出血，剖开肠道可见扁平节片相连的白色虫体。用镊子挑起虫体有弹性，松开后恢复原状。

【防治要点】

成鹑可用吡喹酮和丙硫苯咪唑拌料饲喂治疗。治病时应增加维生素用量。

预防绦虫病应从注意以下几个方面：幼鹑易感染绦虫病，不同日龄鹌鹑不能混养；饲料中要含有足量的蛋白质和维生素，以增强机体抵抗力；及时清理粪便，粪便集中堆放发酵以杀死虫卵；加强场区环境卫生管理；消灭甲虫和苍蝇等中间宿主；加强饲养用具的消毒；防止饲料被粪便污染。

8. 白细胞原虫病

白细胞原虫病是由白细胞原虫和卡氏白细胞原虫引起的一种原虫病。白细胞原虫寄生在红细胞、单核细胞、内皮细胞及内脏器官的实质细胞中。本病在夏、秋季蚊子活跃的季节发病率高，但死亡率不高。

【诊断要点】

1）临床症状。急性暴发，病鹑精神不好，食欲废绝，严重者呼吸困难，咯血，体温升高。排绿色或黄绿色粪便。倒提病鹑，会从口腔流出浅绿色液体，一般 2～3 天死亡。病程长者食欲变差，贫血，消瘦，脚软，排绿色粪便，10～15 天死亡。蛋鹑产蛋率下降。

2）剖检变化。主要剖检症状是肝脏表面、肠壁层、肠系膜、肌胃脂肪表面、腹脂表面和肌肉表面有小米粒大小的出血囊（1 个或多个突起于表面，有时为白色或黄色）。心外膜有白色小结节。血液稀薄，凝固不良。心包和胸腔积液。肝、脾肿大出血，肺、肾等内脏器官出血。

【防治要点】

主要防治措施是夏、秋季节消灭场内的蠓虫和蚊子等。用 0.0001% 的乙胺咪啶和 0.001% 磺胺二甲氧嘧啶拌料，预防效果良好。

9. 盲肠性肝炎

盲肠性肝炎是由火鸡组织滴虫引起的一种寄生虫病。

【诊断要点】

1）临床症状。病鹑垂翅，低头，闭眼，走路不稳，拉血便。

2）剖检变化。剖检主要症状是肝脏肿大，且表面有圆形铜钱样坏死或雪花样坏死灶，坏死灶中央凹陷。另一个主要症状是盲肠肿大，肠壁增厚，黏膜坏死，内有干酪样套结或栓塞。

【防治要点】

由于组织滴虫的传播主要是以盲肠体内的异刺线虫虫卵为媒介，所以预防本病的有效措施是排除蠕虫卵，减少虫卵的数量。鹌鹑进舍前要清除舍内粪渣和杂物，用驱虫净定期驱除异刺线虫，用药量为每千克体重 40～50 毫克，拌料饲喂。也可用 1,2-二甲基-5-硝基咪唑拌料饲喂，添加量为 0.04%～0.08%，连喂 5～7 天。

第七章
做好鹌鹑养殖场的经营管理，向管理要效益

第一节　鹌鹑养殖场经营管理存在的误区

有些鹌鹑养殖场不重视生产管理、组织管理和财务管理等，从而导致养殖效益低下。这些管理中的误区主要表现为生产计划制订不完善、生产计划实施不到位、组织管理意识淡薄、财务管理不完善等，极大地影响了鹌鹑养殖的经济效益。

一、生产管理误区

1. 无计划性

有的鹌鹑养殖场没有根据具体情况制订年度的生产计划，盲目引种，饲养品种和数量也没有经过前期的市场调研和评估，导致养殖经济效益不高。有的养殖场没有具体的饲料和药品购置计划，需要时才匆忙购买，或为了降低饲料成本，购进廉价饲料原料，最终导致鹌鹑的整体营养水平不符合要求，健康大受影响。

2. 管理方式简单粗暴

有的养殖场管理过于简单粗暴，凭借个人的主观臆断，忽视了生产实践中的实际情况。管理人员要能够充分发挥大家的积极性，以身作则，公平对待员工，敢于承担责任，才能使养殖场的工作规范化。

3. 信息交流脱节

很多养殖企业不愿意进行对外交流，认为这是浪费时间。事实上，互相交流可以学习很多行业的先进技术和观念，广泛结交行业内的专家和技术人员，当遇到困难时，一定会得到很好的帮助和解决。

二、组织管理误区

部分鹌鹑养殖场没有制定各负责人员的职责范围和饲养技术操作规程，导致饲养任务无明确生产指标，饲养人员无明确目标。有的养殖场制定的考核制度过于形式化，场长过多关注利润，技术人员过多关注饲养量，在奖惩过程中出现奖励少惩罚多的现象或者奖惩差距不大，都会严重打击技术人员和饲养人员的积极性，从而降低养殖生产效率。

三、财务管理误区

有些鹌鹑养殖场因为规模小，难以聘任专职会计，就委托场内其他人员兼管，因其有实职岗位，根本没有时间精心理账，同时非专业会计，缺乏财务管理知识，从而出现了一些不规范的问题。部分养殖场忽视细节管理，导致生产成本居高不下，不重视财务管理和成本核算，导致经济效益分析不准确，不能为下一年度的养殖提供有意义的参考，造成养殖场无持续的发展规划。

第二节　做好鹌鹑场的生产管理

一、生产计划的制订

鹌鹑养殖各环节正常工作是鹌鹑场有效运营的基本保证，生产工作的程序化和流程化也是各生产管理环节高效运作所必需的。

1. 生产计划

鹌鹑养殖场要根据自身的经营方向、生产规模、年度生产任务，结合场内的实际情况制订各项生产计划。

（1）总产与单产计划　总产计划是鹌鹑养殖场年度内打算实现的商品总量，如一年生产的商品鹌鹑总量、商品鹌鹑蛋总量、种蛋总量和幼鹑总量等。总产计划反映鹌鹑场的生产规模和生产水平。单产计划是每只或每批鹌鹑的单位总量，如单只种鹑年均产蛋量、商品鹌鹑的平均上市体重等。单产计划反映鹌鹑群的生产性能。

（2）养殖物资材料申购计划　物资材料申购计划包括饲料、药物、疫苗及燃料（煤油、柴油、煤等）、垫料、饲养用具和工具等的购买计划。关注计划的及时性和物料是否按时到达，并有相应的申购制度、货品验收制度、不合格品处理程序等。正常生产离不开早期周全的计划。

（3）周转计划 市场是多变难测的，在变数存在的条件下，年度总产量可以一样，而具体时段的产量可根据变化设置得不一样，效益也会不一样。一般育雏育成期只入不出，主要为养鹑，希望在盛产期能遇上好行情。然而，鹑群投产前却需要较长的育雏育成期，面对变幻难测的市场，行情好坏存在变数，所以年初的决策也就注定了最后的结果。换料计划和转群计划虽然简单，但也需要提前做好相关的工作安排，并注意做好降低鹑群应激反应的措施。同时，周密的计划也有利于充分发挥现有房舍、设备及人员的作用，保证全年生产均衡稳定。

【小经验】

鹌鹑养殖一般采用全进全出的饲养制度，蛋用种鹑利用10个月，肉用种鹑利用6个月，全部淘汰时需及时补充种鹑。

（4）选种计划 优良的鹌鹑生产必须有好种，过高的淘汰率会无形中增加养殖生产成本。制订鹌鹑的选种计划包括两个方面，首先是使选种群获得遗传进展，其次是把这种优良的进展扩大到生产饲养群。

【注意】

在选择父系时，尽可能从多的小公鹌鹑中进行个体选择。选择母系时，应用选择指数将母系的繁殖性能和个体生长与胴体的性能结合进行综合选择。

（5）产品销售计划 销售是养鹑场的核心。销售计划包括种蛋、幼雏、商品鹌鹑蛋及商品鹑等产品的销售计划。为了保证各类产品销路的畅通，应在总结上一年度销售业绩的基础上做好充分的市场调查，并结合当年的实际情况，制订月、季、年的销售计划。在制订计划前要充分了解周边同行养殖业主的养殖规模及养殖状况，同时要掌

握消费者的需求，只有抓住市场的变化规律，合理安排生产计划及销售计划，才能保证鹌鹑养殖效益的最大化。

（6）饲料供应计划 饲料是发展养鹑生产的物质基础，是所有养殖企业能够顺利发展的物质保障，只有根据鹌鹑养殖场的经营规模及日常需要量合理安排饲料供应，才能保证生产计划及生产目标的顺利进行。合理的饲料供应计划也有助于资金的合理使用。饲料费用占生产总成本的60%~70%，为进一步提高经济效益，也要实施节约饲料成本的措施。

1）保证饲料原料质量。饲料原料的质量直接关系到饲料的转化效率和养殖的经济效益。对价格较贵的原料最好做到逐批次化验。要特别关注国家对饲料行业的监控报告，及时了解价格动态及出台的与饲料质量控制有关的法律法规。

2）优化饲料配方。优化饲料配方主要是筛选和确定最低用料量，并达到价格合理、营养水平完备的目的。

3）掌握饲料加工操作过程。在饲料加工过程中，配方确定后，操作人员必须严格执行，不得随意改动，对使用量较少的添加剂一定要称量准确，为保证混合均匀，添加剂最好采用逐级混合的方式。另外，对粉碎的粒度也要注意，粉碎过细可能会影响消化和采食，粉碎过粗易造成浪费。在实际操作过程中，通过强化管理，控制和降低原材料损耗，减少粉尘，提高产出率，可以实现降低成本的目的。

（7）饲养管理 为减少浪费，饲喂时一次上料的总量不可过多，一般一次饲料的加入量不应超过料槽深度的1/3，这样鹌鹑采食时饲料溅出料槽的可能性就会减少。另外，留种鹌鹑要进行适当的限饲，以防身体过肥而影响产蛋。冬季是留种鹌鹑的过渡期，此时需要有足够的能量来抵御寒冬，对饲料中蛋白质的要求并不十分严格。因此，为降低饲料成本，这时期的饲料应以能量饲料为主。

【禁忌】

对生产性能下降或有伤病的鹌鹑不及时进行淘汰，会增加鹌鹑养殖过程中的饲料支出。

（8）适当补充青绿饲料 青绿饲料作为鹌鹑的补充饲料，可以有效地减少啄癖现象的发生。通过补充青绿饲料可以解决饲料中维生素不足的问题，并减少鹌鹑对精饲料的采食量。

（9）定期灭鼠，加强饲料保管 鹌鹑养殖场和其他动物养殖场一样都存在着鼠害的威胁。鼠不但会传播疾病，而且会糟蹋大量的饲料，甚至会对幼雏造成伤害，因此，要做定期灭鼠，并对窗户和通风口做好防范。购进的原材料和加工好的饲料尽量不要放在室外，保存时底部要保持与地面 20 厘米左右的空间。采购饲料时，不要一次大量购进，这样可以减少贮存时间，降低营养成分的损耗。

【提示】

鹌鹑养殖场加工饲料时一次不要加工太多，最多够 1 周使用即可，以保证饲料的新鲜度，防止饲料发霉或被污染，提高饲料的利用效率。

二、生产计划的实施

为实现年初的生产计划，在制订计划初期要确定监管人员，在生产中应由计划的监督管理人员、技术人员、财务人员、生产人员和计划制订人一同对计划的实施情况及实施效果进行跟踪验证，并做好记录，以便为下一年度生产计划的制订提供科学的、切实可行的数据。因此，为保证生产计划的实施，在技术上要保证种源的良种化、饲料的科学化、疾病防治的程序化，以及经营管理的专业化和配套化。

第三节　做好鹌鹑场的组织管理

一、制定严格的规章制度

为了不断提高经营管理水平，充分调动职工的积极性，鹌鹑养殖场必须建立一套操作性强、简明扼要的规章制度。

1. 考勤制度

对养殖和管理员工的出勤情况，如迟到、早退、旷工、休假等进行登记，并作为发放工资、奖金的重要依据。

2. 劳动纪律

劳动纪律应根据各岗位的劳动特点进行具体制定，凡影响到安全生产和产品质量的一切行为，都应制定出详细的奖惩办法。

3. 医疗保健制度

全场职工定期进行职业病检查，对患病人员及时进行治疗，并按规定发放保健费。

4. 饲养管理制度

对鹌鹑生产的各个环节，提出基本要求，制定技术操作规程，要求职工共同遵守执行。

5. 学习制度

为了提高员工的技术水平，鹌鹑养殖场应有学习制度，定期组织培训、交流经验或派出学习。

6. 岗位制度

鹌鹑养殖场的所有员工必须做到责、权、利明晰。岗位制度是各种考核的前提和基础，要让本岗位工作人员一看就能明白该做什么，做到什么程度，对谁负责，向谁报告，担负什么样的责任，以及享有什么样的权利等。建立职位规范，明确每一个职位的名称、特征、任务、责任、权限、所需资格、工资待遇、考核办法和奖惩措施等，以求达到职责分明、标准客观、同工同酬。各岗位可根据养殖规模的具体情况设置，各职位责任规定参考如下。

（1）场长的职责 场长负责养殖场的全面工作，是全场安全生产和产品质量的第一负责人。按照养殖程序和各项技术要求，对养殖场进行科学系统的管理，落实各项产量和质量指标，根据需要制定和完善生产管理制度，实现鹌鹑质量安全可追溯，并落实责任人。实行严格的卫生防疫管理制度，确保防疫工作到位和场地的环境卫生整洁。及时主动解决场内的各种矛盾纠纷，消除安全隐患。及时总结各阶段工作和制订下阶段生产养殖管理计划。负责落实场规场纪，协调各部门之间的关系，团结全场人员，圆满完成生产养殖任务。制定并实施养殖场内各岗位的考核管理目标和奖惩办法。负责场地生产设施、生产生活物品及办公用品的申报审核工作。根据场地的实际情

况，提出用人需求及员工的各种福利待遇等。

（2）副场长的职责 副场长主要协助场长抓好养殖场日常各项管理工作。场长外出或休假时主持全场工作。协助制定场内的管理制度并负责落实。负责养殖场的各项指标的落实，严格执行现场监督检查和资料建档等管理工作。切实做好安全生产教育工作，保障场地工作的安全生产。负责组织开展鹌鹑养殖技术专项培训和管理层面的知识更新，提高业务和工作能力。积极协调配合其他管理人员分管的工作。

（3）行政人员 行政人员主要负责收发和起草公文，归档文件，管理印章、证件和执照，组织会务和活动，外联、接待、公关，制定规章制度和管理办法，以及负责产业发展政策制定、法律事务等行政工作。

（4）人事人员 人事人员主要负责养殖场招聘面试、薪酬管理、福利管理、社保、员工调动、考勤、培训和绩效考核等工作。

（5）设备管理人员 设备管理人员主要负责养殖场设备的采购、维护及车辆调配等工作。

（6）档案管理人员 档案管理人员负责养殖场会议纪要、公司文件与材料、各种合同、人事档案、生产记录资料的存档保管、外借回收登记等档案管理。

（7）库房人员 库房人员负责所有物资的进出库管理、生产工具的发放与回收、农业成品的库存管理等工作。

（8）生产主管 生产主管主要负责组织制定相关规章制度和作业程序标准，经批准后监督执行。根据生产计划，组织制订各养殖区的生产作业计划。合理调配人员和设备，调整生产布局和生产负荷，提高生产效率。全面协调养殖区的工作。对饲养员的生产操作过程进行监督，进行生产质量控制，保证生产质量。参与产品质量问题的分析，制定预防措施并实施纠正。落实各项安全生产制度的制定，开展经常性的安全检查，组织安全生产教育培训。统计分析养殖区每天的生产情况，提高生产效率，统计分析养殖的成本消耗，制定成本控制措施。

(9) 技术员 技术员主要负责养殖场的生产技术管理工作，监督检查技术措施的落实。及时、准确地了解现场养殖信息，实时检查鹌鹑的生长和防疫情况。负责养殖饲料的配置（饲料种类、规格、新鲜程度、卫生情况等）和病害防控工作。实时检查养殖区的喂食、健康、卫生情况，发现问题及时向上级主管反映并解决。负责制订场内人员培训计划并对饲养员进行养殖技术培训。做好养殖生长情况记录并存档。

(10) 饲养员 饲养员必须严格遵守场内的各项规章制度，爱岗敬业，服从上级主管的调遣和技术员的养殖管理安排，是管理养殖区的第一负责人。认真学习养殖理论知识和基本养殖技术，不断提高养殖技能。根据养殖生产要求，按时清理养殖区，适量投放饲料。严格执行巡察制度，发现病鹑及其他异常及时处理并向上级主管汇报。协助技术员做好卫生防疫和消毒等工作。做好各种生产养殖用工具的日常维护与保养工作，及时维修或保修各种生产工具和设施。及时做好生产日志的记录工作。

(11) 监督员 监督员应遵守与检验检疫有关的法律和规定，诚实守信，切实履行职责。负责养殖场生产、卫生防疫、药物和饲料等管理制度的建立和实施。对养殖用药品和饲料的采购审核及对技术员开具的处方单进行审核，符合要求方可签字发药。监管养殖场药物的使用，确保不使用禁用药，并严格遵守停药期。积极配合检验检疫人员实施日常监管和抽样。如实填写各项记录，保证各项记录符合养殖场、相关管理机构和检验检疫机构的要求。监督员必须持证上岗。发现重要疫病和事项，及时报告养殖场场长和检验检疫部门。

(12) 销售员 销售员负责与产品的销售模式、销售计划和产品推广等有关的销售工作。

(13) 配送员 配送员主要负责协助销售员做好客户订单处理，安排配送计划，控制采收数量，制定配送路线，安排配送车辆与配送人员，按时把产品配送到客户手中。

(14) 客服人员 客服人员主要负责咨询、回访客户、受理客户投诉和产品召回更换等售后服务工作。

（15）会计和出纳 会计主要负责养殖场建设、生产、运营资金计划、经费计划、融资回款、成本核算及税务等工作。出纳主要负责收付现金、借支、汇兑、托收和银行往来对账等工作。

7. 考核奖惩制度

考核奖惩制度是养殖场发展的必要制度，考核内容应包括饲养指标、安全防疫指标、卫生防疫指标和销售目标等。各养殖场结合自身情况制定总的考核指标，如生产部门指标为饲养成活率、出栏率、产蛋率等，销售部门指标为销售额和客户增长率等，根据各部门、各岗位的职责编制人员考核表。

场长是养殖场安全生产的第一责任人，对养殖场内的安全生产负总的责任。生产主管是养殖区的安全生产第一责任人，对养殖区内的安全生产负责。各岗位按各自的安全职责，对自己的安全职责负直接责任。养殖场实行逐级考核制度，场长负责对各部门主管进行考核，各部门主管负责对部门人员进行考核。养殖场根据自身条件和各部门要求制定考核办法，明确奖惩。考核结果可作为评优选先的依据。每季度至少考核一次，对发现的问题进行分析并提出解决方案。考核记录存入档案，年底可作为个人业绩评价的依据，同时要填写人员业绩考核表，进行评分。考核标准可分为优秀、良好、合格和不合格，每一标准要对应奖罚标准，与工资或奖金挂钩。

8. 培训制度

目前，鹌鹑养殖业普遍存在招工难和劳动力紧张的问题。管理者要充分意识到招工存在的困难，要从长远考虑，招聘素质较高的饲养员，保证人员稳定。新饲养员要进行必要的岗前培训才能上岗，要定期对工人进行专业知识和操作技能培训，不断提高劳动效率和生产水平。

9. 工资福利制度

鹌鹑养殖场应不断改进养殖场人员计酬方法。饲养员的工资可采取计量工资加指标奖罚及零工工资，年终有奖金或加发一个月的工资，节假日加发工资。对技术型人才，要制定专门的工资方案，以吸引人才。鹑群每批次的生产成绩，由统计员列好清单发给员工，月终员工以此给自己计算工资，然后与统计员核算的工资表进行对照，看有无差错。工资计算应透明度强，并且按时发放。

二、严格制定技术操作规程

技术操作规程是鹌鹑养殖场生产中科学制定的日常作业的技术规程。鹑群管理中的各项技术措施和操作等均通过技术操作规程加以贯彻。技术操作规程也是检验生产的依据。不同饲养阶段的鹑群，按其生产周期制定不同的技术操作规程，如育雏、育成鹑、种鹑和商品鹑等技术操作规程。

技术操作规程的主要内容是：对饲养任务提出生产指标，使饲养人员有明确的目标；指出不同饲养阶段鹑群的特点及饲养管理要点；按不同的操作内容分段列条，提出切合实际的要求等。

【注意】

鹌鹑养殖场各项技术操作规程的指标要切合实际，条文简明具体，易于落实执行。

第四节　做好鹌鹑养殖场的财务管理

一、合理制定财务管理制度

为确保财务管理工作顺利开展，必须明确养殖场领导人是养殖场财务管理的第一负责人，对本养殖场的会计基础工作负有领导责任。财会人员应对本养殖场的具体财务收支负责，确保会计信息的真实性和完整性。养殖场必须按规定设立总分类账、银行存款账、现金日记账，对本养殖场发生的每一笔财务收支业务进行登记，做到日清日结，账目分明。

二、完善财务制度

1. 完善财务报销流程

养殖场对当月发生的财务收支业务必须进行结账，并根据收支情况于次月 15 日前填写好财务收支报表，整理装订好原始凭证，

一并上报养殖场负责人审核，经审核无误后办理报销手续。各项业务收入均应按规定缴入养殖场指定的账户，不得坐收坐支，支出按规定核拨。年终结算时，所得利润由养殖场统一安排使用，主要用于兴建和维护养殖场基础设施，以及职工的奖金和生活福利。每一笔日常业务支出均由养殖场负责人按规定审批。一般情况下经办人都应索取正式发票，发票必须由经办人、证明人和审批人签名方可办理报销手续。

2. 固定资金的管理

固定资金是用在固定资产上的资金。管好、用好固定资金与管好、用好固定资产密切相关。固定资金一次支付使用以后，需要分次逐渐收回，循环一次的时间较长。固定资金的管理要从固定资产的管理入手。

1）要正确地核定固定资产需要的数量，对固定资产的需要量，要本着节约的原则核定，以减少对资金的过多占用，充分发挥固定资产的作用，防止资金积压。

2）要建立健全固定资产管理制度，管好用好固定资产，提高固定资产的利用率。要正确地计算和提取固定资产折旧费，并管好、用好折旧基金，使固定资产的损耗及时得到补偿，保证固定资产能适时得到更新。

3. 流动资金的管理

流动资金是鹌鹑养殖场在生产中所需的支付工资和支付其他费用的资金，一次或全部把价值转移到产品成本中去，随着产品的销售而收回，并重新用于支出，以保证再生产的继续进行。

鹌鹑养殖场的流动资金管理既要保证生产经营的需要，又要减少占用，并节约使用。

（1）储备资金的管理 储备资金是流动资金中占用量较大的一项资金。管好、用好储备资金涉及物资的采购、运输、贮存和保管等。要加强物资采购的计划性，依据供应环节计算采购量，既要做到按时供应，保证生产需要，又要防止盲目采购，造成积压。要加强仓库管理，建立健全管理制度。加强材料的计量、验收、入库、领取工

作，做到日清、月结、季清、年终全面盘点核实。

（2）生产资金的管理 生产资金是从投入生产到产品产出以前占用在生产过程中的资金。鹌鹑要适时出栏，及时做好防病治病工作，提高产品生产率。

三、做好成本核算

生产成本是衡量生产设备利用程度、劳动组织合理性和饲养管理水平好坏的重要指标，直接反映一个养鹑场或养鹑企业的经营管理水平。

1. 成本费用

成本费用是指企业在生产经营过程中发生的各种耗费，主要包括直接工资、制造费用、进货原价、进货费用、业务支出、销售（货）费用、管理费用和财务费用等，而在会计处理上，把企业的直接工资、制造费用、进货原价、进货费用和业务支出，直接计入成本。企业发生的销售（货）费用、管理费用和财务费用，直接计入当期损益。

销售（货）费用包括销售活动中所发生的由企业负担的运输费、装卸费、包装费、保险费、差旅费和广告费，以及专设的销售机构人员工资和其他经费等。管理费用包括由企业统一负担的工会经费、咨询费、诉讼费、房产税、技术转让费、无形资产摊销、职工教育经费、研究开发费和提取的职工福利基金等。财务费用包括企业经营期间发生的利息净支出、汇兑净损失、银行手续费及因筹集资金而发生的其他费用。贷款的利息也包括在内。销售费用、管理费用和财务费用不直接计入成本，这是我国为了使企业财务管理与国际接轨而采取的改革措施。企业的总利润都是总收入减去总支出。

2. 成本的分类

（1）固定成本 一个鹌鹑养殖企业必须有固定资产，如房屋、鹌鹑舍、饲养设备、运输工具、动力机械，以及生活设施和研究设备等。固定资产的特点是使用年限长，以完整的实物形态参加多次生产过程，并可以保持其固有的物质形态，只是随着它们本身的损耗，其价值逐渐转移到畜产品中，以折旧费方式支付。这部分费用和土地

税、基建贷款的利息、职工基本工资、退休金和管理费用等组成了固定成本。组成固定成本的各项费用都必须按时支付，即使停工仍要支付。

（2）可变成本 可变成本是可变投入的货币表现形式，在成本管理中也称为流动资金，是指生产单位在生产和流通过程中使用的资金。其特点是只参加一次生产过程就被消耗掉，如饲料、兽药、燃料、能源、临时工工资等，会随生产规模和产品的产量而变。

3. 支出项目

（1）工资 工资是指直接从事养鹑生产人员的工资、奖金、津贴和补贴等。

（2）饲料费 饲料费是指饲养过程中耗用的自产和外购的混合饲料及各种动植物饲料、矿物质饲料、其他添加剂等的费用，需注意的是运杂费也列入饲料费中。

（3）疫病防治费 疫病防治费是指用于鹌鹑疾病防治的疫苗、药品、消毒剂等的费用，及检疫费、化验费、专家咨询费等。

（4）燃料及动力费 燃料及动力费是指直接用于鹌鹑生产过程的外购燃料费用、动力费、水电费和水资源费等。

（5）固定资产折旧费 固定资产折旧费是指鹌鹑舍和专用机械设备的固定资产基本折旧费。一般建筑物使用年限为 15～20 年，专用机械设备使用年限为 7～10 年。

（6）种鹑摊销费 种鹑摊销费是指鹌鹑场计算每千克蛋或每千克活重成本时，要摊销的种鹑费用。

（7）低值易耗品费 低值易耗品费是指价值低的工具、器材、劳保用品、垫料等易耗品的费用。

（8）共同生产费 共同生产费也称其他直接费，是指除上述以外而能直接判明成本对象的各种费用，以及固定资产维修费、职工的福利费等。

（9）企业管理费 企业管理费是指养殖场所消耗的一切间接生产费用，销售费用列入企业管理费。

（10）利息 利息是指贷款建场每年应交纳的利息。

第五节　认真做好鹌鹑养殖场的记录管理

一、掌握记录的原则和重要性

1. 记录填写原则

鹌鹑养殖场的记录填写要保证及时、准确、清晰和完整。

1）数据产生当时记录，尽量不要回忆性记录，以免数据可信度不高，对后期质量分析造成误导。

2）数据产生按实记录，不得随意估量数据，数据位数和单位要明确，以免造成数据出现偏差，不能体现真实情况。

3）数据记录时需字迹工整，清晰可认，不易擦拭，以免造成误读。

4）填写记录时信息应记录完整，不得简写、缩写和空白，应标明尽可能多的数据，避免造成差错。

2. 记录填写规范

填写数据时，通常会有标准表格，填入相应空格时要注意以下几点。

1）书写时应注意按区域填写，不要错格填写或越出对应的区域。

2）数据与数据之间应留有适当的空隙，小数点标识清晰，单位和符号等使用准确。

3）文字需字迹工整、清晰、他人可辨，不得填写草书、艺术字等。

4）统一使用中性笔、签字笔等填写。

5）如遇相同内容时，需重复填写，不得填写为其他任意文字及符号。

6）日期填写标准统一为“年（4位）. 月（2位）. 日（2位）”，如“2010. 03. 05”。

7）时间填写标准统一为“时（2位）：分（2位）”，如“09:20”；时间为24小时制，下午4点需填写为“16:00”，而不是

“04:00”。

8）填写记录时如遇填写错误，应将现有生产记录重新抄录一份并废弃错误生产记录，做到生产记录无任何涂改。

9）如记录中有空格无内容填写时，应在空格划斜线。

10）数据记录应由数据产生人亲自填写，代为填写需经本人复核。

3. 记录的重要性

记录可以用来分析鹌鹑场生产经营活动的情况，帮助管理者改善生产，并有效地运用资源提高生产效率、工作效率。一天所发生的事情随着时间的推移，若没有记录，则大多数都会忘掉。

【提示】

鹌鹑养殖场的正确记录和记录分析，在掌握饲养效果和提高生产效益中有着非常重要的作用。

二、做好记录表格

鹌鹑养殖单位的记录表格可根据具体情况进行取舍，主要包括生产记录、饲料和饲料添加剂使用记录、兽药使用记录、兽药购进记录、饲料和饲料添加剂购进记录、鹌鹑免疫记录、消毒记录、病死鹌鹑无害化处理记录、防疫监测记录及产品销售记录等。

1. 生产记录

生产记录单见表7-1。

表7-1 生产记录单（按变动记录）

日期	圈舍类别	变动情况/(头或只)						存栏数/(头或只)	饲养员签字	备注
		出生	转入	引进	转出	销售	死淘			

① 日期，指圈舍鹌鹑变动日期。

② 圈舍类别，按鹌鹑饲养阶段的圈舍填写，同一饲养阶段的多个鹌鹑舍中间加数字区别（如育雏 1 舍，育雏 2 舍）；一个舍内分圈的，舍后面加圈号（如育雏 1 舍 2 号），其他鹌鹑圈舍类别编制可类推。不分圈舍的此栏不填。

③ 变动情况（数量），应填写出生、转入、引进、转出、销售和死淘的数量。引进包括引种和引进商品鹌鹑，需要在备柱栏中注明动物检疫合格证明编号（将检疫证明原件粘贴在记录单背面）。如引进的是种鹑，需要将引进种鹑的合格证和系谱原件粘贴在表格背面；从国外或省外引种，还需要将国家或省级审批原件粘贴在表格背面。淘汰时，需要在备注栏注明淘汰的原因。

④ 存栏数，指相应圈舍鹌鹑存栏数。

2. 饲料和饲料添加剂使用记录

饲料和饲料添加剂使用记录单见表 7-2。

表 7-2 饲料和饲料添加剂使用记录单

使用日期	产品名称	生产厂家	批准文号或审查合格证号	生产日期	饲料中含药物添加剂的名称	单位	数量	使用人

① 使用日期，指使用饲料和饲料添加剂的日期。

② 产品名称，指使用的饲料（包括单一饲料、配合饲料、浓缩饲料、精料补充料和添加剂预混合饲料）和饲料添加剂的名称。

③ 生产厂家，指生产饲料和饲料添加剂的厂家。如是原粮型的单一饲料只需要记录供应商即可。

④ 批准文号或审查合格证号，指省级饲料主管部门颁发的产品批准文号或饲料生产企业审查合格证号。添加剂预混合饲料、饲料添加剂填写批准文号，配合饲料、浓缩饲料和精料补充料填写饲料生产

企业审查合格证号。未规定有批准文号或审查合格证的单- 饲料此处可不填。

⑤ 生产日期，指饲料厂家生产该产品的日期。

⑥ 饲料中含药物添加剂的名称，指饲料厂家在配合饲料、浓缩饲料、精料补充料和添加剂预混合饲料等饲料产品中加入的药物添加剂。

⑦ 单位，指袋、千克、吨等，由养殖场根据购进不同的饲料和饲料添加剂产品实际情况填写。

⑧ 数量，指使用饲料和饲料添加剂的数量，要与单位标志相对应。

⑨ 使用人，指使用饲料和饲料添加剂的人。

3. 兽药使用记录

兽药使用记录单不包括疫苗和消毒药的使用情况。兽药使用记录单见表 7-3。

表 7-3　兽药使用记录单

用药开始日期	圈舍类别	日龄	用药鹌鹑的数量	用药原因	兽药通用名称	生产厂家	生产批次	给药途径、剂量	停止用药日期	兽医签名

① 用药开始日期，指对鹌鹑疾病诊疗或预防时，对鹌鹑用药的开始日期。

② 圈舍类别，同生产记录单。

③ 日龄，指用药鹌鹑的日龄，不同日龄的鹌鹑用药要分开记录。

④ 用药鹌鹑的数量，指使用药物治疗或预防的鹌鹑数量。

⑤ 用药原因，应简短描述，如诊疗或预防什么病等。

⑥ 兽药通用名称，指兽药典或农业部有关规定的名称，不填商品名称。

⑦ 生产厂家，指生产购进兽药的原厂家。

⑧ 生产批次，指兽药厂家生产该产品的批次。

⑨ 给药途径、剂量，给药途径指用药的方式，如注射、拌料、饮水等；剂量指对 1 只或 1 群鹌鹑实际用的药量，可用注射几毫升、每吨饲料或每百千克水中加药的剂量来进行描述。

⑩ 停止用药日期，指停止用该药的日期。养殖场要在鹌鹑出栏前和产蛋期间，严格执行休药期。

4. 兽药购进记录

兽药购进记录单登记的兽药包括疫苗、消毒剂和药物饲料添加剂，见表 7-4。

表 7-4 兽药购进记录单

购进日期	产品名称	生产厂家	批准文号	生产批号	规格（含量）	包装规格	数量	购货地点	购货人

① 购进日期，指购进兽药到场入库日期。

② 产品名称，指兽药典或农业部有关规定的名称，不填商品名称。

③ 生产厂家，指生产购进兽药的原厂家。

④ 批准文号，指农业部颁发给该厂家允许生产此产品的批准文号。

⑤ 生产批号，指兽药生产厂家生产该产品的批次。

⑥ 规格（含量），指该兽药主要药物的含量，如复方制剂的药物含量在表格中填写不全时，可在相应页的背面加注说明。

⑦ 包装规格，指件、盒、瓶、袋等。

⑧ 数量，指购进兽药的数量。

⑨ 购货地点，指在哪个兽药经营企业购买的兽药。如从厂家购进，直接填写厂家名称。

⑩ 购货人，指采购兽药的人。

5. 饲料和饲料添加剂购进记录

饲料和饲料添加剂购进记录单中应包括购进的饲料和饲料添加剂，不包括药物饲料添加剂，见表 7-5。

表 7-5 饲料和饲料添加剂购进记录单

购进日期	产品名称	生产厂家	批准文号或审查合格证号	生产日期	饲料中含药物添加剂的名称及含量	单位	数量	购货地点	购货人

6. 免疫记录

鹌鹑免疫记录单见表 7-6。

表 7-6 鹌鹑免疫记录单

免疫日期	圈舍类别	存栏数	实免数	免疫日龄	疫苗通用名称	生产厂家	疫苗批号	免疫途径	免疫剂量	鹌鹑标识号起止范围

① 免疫日期，指对鹌鹑免疫接种的日期。除疫苗联苗外，一次免疫 2 种疫苗，也要另填一行。

② 圈舍类别，同生产记录单。

③ 存栏数，指相应圈舍中鹌鹑实际的存栏量。

④ 实免数，指相应圈舍中鹌鹑实际被免疫的数量。

⑤ 免疫日龄，指被免疫鹌鹑的日龄。不同日龄的鹌鹑，免疫同种疫苗另填一行。

⑥ 疫苗通用名称，指兽药典或农业部有关规定的疫苗通用名称全称，不填商品名称。

⑦ 生产厂家，指生产购进疫苗的厂家。

⑧ 疫苗批号，指生物制品厂家生产该疫苗的批次。

⑨ 免疫途径，指免疫的方式方法，如滴鼻、注射、饮水和口服等。

⑩ 免疫剂量，指对 1 只鹌鹑接种疫苗的羽份或剂量，按实际免疫计量登记。

⑪ 鹌鹑标识号起止范围，指对鹌鹑标识的起止范围。

7. 消毒记录

消毒记录单中记录养殖场生产区（包括养殖舍、净道、污道、污水沟、舍周边环境和饲养用具等对象）、生活办公区环境、污物处理区环境、生产区门口和舍门口消毒池（或喷雾）中消毒液的配置等，不包括养殖场大门口、生产区门口的车辆和人员消毒的登记，各养殖场可根据实际情况，单独设计记录单，消毒记录单见 7-7。

表 7-7 消毒记录单

日期	消毒剂通用名称	生产厂家	生产批号	配比浓度	消毒方法	消毒对象	备注

① 日期，指对养殖场消毒、更换消毒池消毒液的日期。

② 消毒剂通用名称，按国家兽药典或农业部颁发的兽药标准中规定的名称填写，不填商品名称。

③ 生产厂家，指消毒药生产企业。

④ 生产批号，指生产企业生产该消毒药时编制的生产批次。

⑤ 配比浓度，指配成消毒液中有效成分的含量。

⑥ 消毒方法，指对消毒对象的消毒方式，如喷雾、喷洒、熏蒸和刷洗等。

⑦ 消毒对象，指消毒区域的环境、鹌鹑舍、用具等。

⑧ 备注，对需要说明的加以备注，如消毒池药物更换，需要在备注中说明。

8. 无害化处理记录

病死鹌鹑无害化处理记录单见表7-8。

表7-8 病死鹌鹑无害化处理记录单

处理日期	圈舍类别	病死日龄	病死数量	处理原因	处理方法	处理单位	责任人签字

① 处理日期，应填写病死鹌鹑无害化处理的日期。

② 圈舍类别，同生产记录单。

③ 病死日龄，指病死鹌鹑的饲养日龄。

④ 病死数量，填写同批次处理的病死鹌鹑的数量，单位为只。

⑤ 处理原因，填写实施无害化处理的原因，如什么病死亡或患什么传染病，如痢疾、死胎、死因不明等。

⑥ 处理方法，按照中华人民共和国农业部《病死及病害动物无害化处理技术规范（农医发〔2017〕25号)》规定的无害化处理方法填写。

⑦ 处理单位，委托无害化处理场实施无害化处理的，填写处理单位名称；由本场自行实施无害化处理的，填写本场名称。

⑧ 责任人签字，由实施无害化处理的人签字。

9. 防疫监测记录

防疫监测记录单见表7-9。

表7-9 防疫监测记录单

采样日期	圈舍号	采样数量	监测项目	监测单位	监测结果	处理情况	备注

① 圈舍号，填写鹌鹑饲养圈、舍的编号或名称，不分圈舍的此栏不填。

② 监测项目，填写具体监测的内容，如禽流感疾病监测。

③ 监测单位，填写实施监测的单位名称，如某动物疫病预防控制中心，企业自行监测的填写自检，企业委托社会检测机构监测的填写受委托机构的名称。

④ 监测结果，填写具体的监测结果，如阴性、阳性和抗体效价等。

⑤ 处理情况，填写依据监测结果对鹌鹑采取的处理方法。

10. 疾病诊疗记录

鹌鹑疾病诊疗记录单见表7-10。

表7-10 疾病诊疗记录单

诊疗时间	圈舍类别	日龄	发病数	病因	诊疗人员	用药名称	用药方法	诊疗结果

① 圈舍类别，同生产记录单。

② 诊疗人员，填写做出诊断结果的单位，如某动物疫病预防控制中心，执业兽医填写执业兽医的姓名。

③ 用药名称，填写兽药通用名称。

④ 用药方法，填写药物使用的具体方法，如口服、肌内注射和静脉注射等。

11. 粪便及污物无害化处理记录

鹌鹑粪便及污物无害化处理记录单见表7-11。

表7-11　粪便及污物无害化处理记录单

日期	种类	数量	处理方法	处理地点	处理单位	责任人签字	备注

① 日期，填写粪便及污物无害化处理的日期。

② 种类，填写处理物是粪便，还是污染物（被病原微生物污染或可能被污染的垫料、饲料和其他物品）。

③ 数量，若有具体数量，填写具体数值，以立方米为单位，填写全部或部分。

④ 处理方法，填写深埋、焚烧或其他方法。

⑤ 处理地点，填写场内或场外具体地点，若有特定处理场所，填写具体名称。

⑥ 处理单位，委托无害化处理场实施无害化处理的填写处理单位名称，由本场自行实行无害化处理的填“本场”。

⑦ 责任人签字，由鹌鹑养殖场负责实施无害化处理的人员签字。

12. 产品销售记录

鹌鹑产品销售记录单见表7-12。

表 7-12　产品销售记录单

销售日期	产品名称	销售鹌鹑日龄	检疫证编号	单位	数量	销售去向	经纪人及联系电话

① 销售日期，指当天产品出厂日期。

② 产品名称，根据销售不同饲养阶段的鹌鹑填写，种鹑场要填写种蛋。

③ 销售鹌鹑日龄，指当天销售活鹑产品的日龄，蛋鹑场销售产品时此栏不填。

④ 检疫证编号，指销售产品的检疫证编号，出场检疫时要向检疫员问清编号，规定不检疫的产品不填此栏。

⑤ 单位，销售活鹑单位填写“只”，销售种蛋单位填写“枚”，销售商品鹌鹑蛋填写“千克”。

⑥ 数量，仅填写销售的具体数字，不填单位。

⑦ 销售去向，指销售到的地方，以便追溯。

⑧ 经纪人及联系电话，指购买产品的具体人及其联系方式，

第六节　合理进行粪污处理

鹌鹑养殖场粪污处理的方法很多，特点各不相同，常用方法有脱水干燥处理和发酵处理两种方法。

一、脱水干燥处理

新鲜鹑粪的主要成分是水，通过脱水干燥处理，可使鹑粪的含水量降到15%以下。这样一方面可以减少鹑粪的体积和重量，便于包装运输；另一方面，可以有效地抑制鹑粪中微生物的活动，减少营养成分（特别是蛋白质）的损失。脱水干燥处理的主要方法有高温快

速干燥、太阳能自然干燥和鹌鹑舍内自然干燥。

（1）高温快速干燥　高温快速干燥主要采用回转圆烘干炉等高温快速干燥设备，可在短时间（10 分钟左右）将含水量达 70% 的湿鹑粪迅速干燥，生产出含水量仅为 10% ~ 15% 的鹑粪加工品。采用的烘干温度依机器类型不同而有所区别，主要在 300 ~ 900℃。在加热干燥过程中，还可做到彻底杀灭病原体，消除臭味，鹑粪营养损失量小于 6%。

烘干设备的附属设备有除尘器，有些还有除臭设备。热空气从烘干炉中出来后，经密闭管道进入除尘器，清除空气中夹杂的粉尘。然后，气体被送至二次燃烧炉，在 500 ~ 550℃ 高温下做除臭处理，最后才能把符合环保要求的气体排入大气中。

在对鹑粪做高温快速干燥处理时，成套设备应当是全密封连续作业，做到生产车间内基本无臭气泄漏，以改善工作环境条件。另外，在鹑粪中含有较多杂质（羽毛和死鹑）时，最好先做预处理，除去杂质，以保证处理过程的正常进行，并提高加工产品的质量。高温快速干燥处理的优点是加工速度快，营养成分损失少，可以有效杀菌除臭，而且加工过程不受自然气候的影响，可实现工厂化连续生产。生产出的干鹑粪具有较高的商品价值，可用作优质饲料成分，也可作为优质肥料使用。但由于鲜鹑粪直接干燥时没有经过发酵过程，干鹑粪作为肥料时要进行“二次发酵”。

（2）太阳能自然干燥　太阳能自然干燥方法采用塑料大棚中形成的“温室效应”，充分利用太阳能对鹑粪做干燥处理。专用的塑料大棚长度可达 60 ~ 90 米，内有混凝土槽，两侧建有导轨，在导轨上安装搅拌装置。将湿鹑粪装入混凝土槽，搅拌装置沿着导轨在大棚内反复游走，并通过搅拌板的正反向转动来捣碎、翻动和推送鹑粪。利用大棚内积蓄的太阳能使鹑粪中的水分蒸发出来，并通过强制通风排除大棚内的湿气，从而达到干燥鹑粪的目的。在夏季，只需要约 1 周的时间即可把鹑粪的含水量降到 10% 左右。

在利用太阳能做自然干燥时，可以采用一次干燥的工艺，也可以采用发酵处理后再干燥的工艺。发酵和干燥分别在两个大槽中进行。将鹑粪从鹌鹑舍铲出后，直接送到发酵槽中，发酵槽上装有搅拌机，定期来回搅拌，每次能把鹑粪向前推进2米，经过20天左右，再将发酵的鹑粪向前推送到腐熟槽内，在槽内静置10天，使鹑粪的含水量降为30%～40%。然后，把发酵鹑粪转到干燥槽中，通过频繁的搅拌和粉碎，将鹑粪干燥，最终可获得经过发酵处理的干鹑粪产品。此种产品用作肥料时，肥效比未经发酵的干燥鹑粪效果好，使用时也不易发生问题。太阳能自然干燥方法可以充分利用自然能源，设备投资少，运行成本低，因此加工处理的费用低廉。

【小经验】

太阳能自然干燥方法受自然气候的影响较大，在低温、高湿的季节或地区，生产效率降低，处理周期变长，鹑粪中营养成分损失较多，处理设施占地面积也较大，不建议选择。

（3）鹌鹑舍内自然干燥 在最新推出的新型笼养设备中，都配置了笼内粪便干燥装置，适用于多层重叠式笼具。在这种饲养方式中，每层笼下面均有一条传送带承接粪便，并通过定时开动传送带来刮取收集粪便，这种干燥方法的核心就是直接将气流引向传送带上的粪便，使粪便在产出后得以迅速干燥。最常见的工艺是在每列笼子的侧后方装有一排小风管，风管上有许多小孔，可将空气直接吹到传送带的粪便上，起到自然干燥的作用。各层的小风管汇集于1条主风管，与2个风机相连。通常是夏季向鹌鹑舍内送风，冬季则由鹌鹑舍内向外排风。一般间隔7天刮取1次传送带上的鹑粪，收集到的鹑粪含水量可降至35%～40%。也可以将各层的传送带都升到1个水平面上，进入一个强制通风道，风机对传送带上的鹑粪进行自然干燥，传送带每小时向前移动2次，需36～40小时完成整个干燥过程。

在鹌鹑舍内对鹑粪做干燥处理的优点是操作简便，基本可做到自动化，成本低，鹑粪在产出后可以得到干燥，可以最大限度地减少氨气量，改善鹌鹑舍内外的空气环境。实验数据表明，在夏季无干燥设备的鹌鹑舍中氨气含量为2.8毫克/米^3，有鹑粪干燥设备的鹌鹑舍中氨气含量仅有0.5～1.3毫克/米^3，而在冬季相应的数值分别为11.0毫克/米^{3}和1.6～2.1毫克/米^3。由此可见，鹌鹑舍内对鹑粪的及时干

燥处理在改善舍内空气环境方面效果最佳。这种干燥处理的程度有限，鹑粪含水量还比较高，必须同其他干燥方法结合起来，才能生产出能长期保存的优质干燥鹑粪。

二、发酵处理

鹑粪的发酵处理是利用各种微生物的活动来分解鹑粪中的有机物质，提高这些有机物质的利用率。在发酵过程中形成的特殊理化环境也可基本杀灭鹑粪中的病原体。根据发酵过程中依靠的主要微生物种类不同，可分为有氧发酵和厌氧发酵。在鹌鹑养殖业中，常用的发酵处理方法有以下 3 种。

（1）充氧动态发酵 在适宜的温度、湿度及供氧充足的条件下，好气菌迅速繁殖，将鹑粪中的有机物质大量分解成易被消化吸收的形式，同时释放出硫化氢和氨等气体。在 45 ~ 55℃ 下处理 12 小时左右，可获得除臭和灭菌虫的优质有机肥料和再生饲料。

充氧动态发酵的优点是发酵效率高，速度快，可以彻底地杀灭鹑粪中的有害病原体。由于处理时间短，鹑粪中营养成分的损失少，而且利用率高。但此法也有些不足之处。首先，这种处理对鹑粪含水量有一定要求，鹑粪需经过预处理脱水后才能进行发酵处理。其次，在发酵过程中的脱水作用小，发酵产品含水量高，不能长期贮存。再次，目前设备费用和处理成本较高，因此限制了其大规模推广利用。

（2）堆肥处理 堆肥是指富含氮有机物（如鹑粪、死鹑）与富含碳有机物（秸秆等）在好氧和嗜热性微生物的作用下转化为腐殖质、微生物及有机残渣的过程。在堆肥发酵过程中，大量无机氮被转化为有机氮的形式固定下来，形成了比较稳定、一致且基本无臭味的以腐殖质为主的产物。在发酵过程中，粗蛋白质也大量被分解。据估算，粗蛋白质的含量在堆肥处理后要下降 40%，因此堆肥产物不适于做饲料，而被用作一种肥效持久、能改善土壤结构、维持地力的优质有机肥。堆肥是一种比较传统的方法。

堆肥发酵需要的主要条件如下。

① 氧气。为保证好氧微生物的活动，需要提供足够的氧气，一般要求在堆肥混合物中有 25% ~ 30% 的自由空间。因此要求用蓬松的

秸秆材料与鹑粪混合，并在发酵过程中经常翻动发酵物。

② 适当的碳氮比。一般要求比例为30∶1，可通过加入秸秆量来调节。

③ 湿度控制在40%～50%。

④ 温度保持60～70℃。

这些条件都是监测堆肥发酵过程正常进行的重要指标。在其他条件均适合的情况下，好氧微生物迅速增殖，代谢过程中产生的热量使发酵物内部温度上升。在此温度条件下，可以基本杀灭有害病原体。若温度过低，则表明微生物活动不够，需彻底翻动发酵物，并检查其他条件是否适当，以保证发酵过程的顺利进行。

【提示】

堆肥处理方法简单，无须专用设备，费用低廉，生产出的有机腐殖质肥料利用价值高。此方法可以与死鹑的处理结合起来，具有一定的推广应用价值。

（3）沼气处理 目前，有不少鹌鹑场因清粪工艺的限制而采用水冲清粪，这样得到的鹑粪含水量非常高。沼气法可直接对这种水粪进行适当处理，产出的沼气是一种高热值可燃气体，可为生产和生活提供能源。但沼气处理形成的沼液如果处理不当，容易造成二次污染。目前，在对水冲鹑粪做沼气处理时比较好的工艺流程如下。

① 首先对水冲鹑粪做固液分离，对固体部分做干燥处理，制成肥料或饲料。

② 液体部分进入增温调节池，然后进入高效厌氧池中生产沼气。

③ 生产沼气后形成的上清液排放到水生生物塘中，最后进入鱼塘，使上清液中的营养成分被水生生物和鱼类利用，同时也解决了二次污染问题。

【注意】

沼气处理方法具有投资大，产出低等缺点，所以一般为大型鹌鹑养殖场所选择。

三、其他处理方法

（1）微波处理 微波热效应是由物料中的极性分子在超高频外电场作用下产生运动而形成的，受作用的物料内外同时产热，不需要加热过程，因此整个加热过程比常规加热方法要快数十倍甚至数百倍，从而达到杀菌灭虫的效果。

由于微波的特点，可用来对鹑粪进行加工处理。由于鹑粪处理量大，所以必须采用大功率微波加热器。一般采用波段为915兆赫、功率为30千瓦的波源效果较好，不但能获得良好的加热效果，而且也有利于杀灭病原体。实践证明，微波处理鹑粪的灭菌效果较好，制品干燥均匀。但是，由于微波加热器的脱水率不高，在进行微波处理前需要将鹑粪晾晒，把含水量降至35%左右，因而微波处理方法的应用有一定限制。

（2）热喷处理 热喷处理是将预干燥处理至含水量25%~40%的鹑粪装入压力容器中，密封后由锅炉向压力容器内输送高压水蒸气，在120~140℃下保持压力10分钟左右，然后将容器内压力减至常压喷放，即可得到热喷鹑粪饲料。该方法的特点是对鹑粪的杀虫、灭菌和除臭效果较好，而且鹑类有机物的消化率可提高13.4%~20.9%。因热喷处理过程中存在水蒸气的作用，使鹑粪含水量并没有显著降低，不能有效解决鹑粪干燥的问题，从而使其应用有一定的局限性。

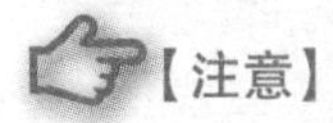
【注意】

热喷处理法在操作时必须将鲜鹑粪做预干燥处理。

第八章
典型养殖案例

河北中禽鹌鹑良种繁育有限公司主要以繁育白羽蛋用型鹌鹑为主，于2014年入选国家科技基础条件平台“特种经济动物种质资源子平台鹌鹑保种场”，承担了朝鲜鹌鹑和白羽鹌鹑的遗传资源保存和共享服务。

目前，该公司白羽鹌鹑种质资源群体数量为10万只，包括种公鹑3.3万只、种母鹑6.7万只；朝鲜龙城鹌鹑种质资源群体数量为9000只。中禽白羽鹌鹑具有成活率高、抗病力强、耐粗饲、饲料转化率高、产蛋期稳定等特点。种场父母代从2004年开始，采用机械化恒温全封闭的饲养模式。祖代核心群采用恒温人工饲养，各个品系具有详细的系谱记录。公司内部的动物保健中心，全程负责本公司鹌鹑疫病的综合防疫、鹑群监测、环境监测、疾病诊治，确保鹌鹑的健康，并为客户提供优质的售后服务。

一、鹌鹑养殖场建设

河北中禽鹌鹑良种繁育有限公司位于河北省石家庄市栾城县东营村，场区周围设有围墙或绿化隔离带（图8-1～图8-3），场区内设置育雏舍和成年鹑舍。成年鹑舍长20米、宽7米、高2.5～3.0米，设5层或6层笼，每笼放蛋鹑40只。屋顶留天窗，两侧对称留窗口，地面做水泥处理，可以饲养鹌鹑2万只，每栋之间间隔5～6米。中禽公司机械化车间鹑舍宽18米、长50米、高3米。鹌鹑养殖场入口设有消毒池，养殖区门口设有行人消毒池和更衣换鞋消毒室。

二、饲养品种介绍

本场主要饲养中禽白羽鹌鹑、黄羽鹌鹑和朝鲜鹌鹑。白羽鹌鹑是由原北京市种鹑场、中国农业大学和南京农业大学联合选育的品种。

该品种曾获农业部科技进步三等奖，1995 年北京市种鹑场破产后，一直由河北中禽鹌鹑良种繁育有限公司保种并进行了严格的选育，各项生产性能有了显著提高，育雏期成活率由原来的 75% 提高到 95%~97%，全年平均产蛋率达到了 85%~90%，可饲养 12~16 个月，自然淘汰率 10%，为目前国内较优秀的蛋用鹌鹑品种。白羽纯系、自别系的体形与朝鲜龙城鹌鹑相似，体羽洁白丰满，背部偶有褐斑，

图 8-1　场区大门

图 8-2　场区办公楼

图 8-3　场区周边环境

喙、胫、脚呈灰白色，腿透明粉红色，抗病力强，性情温顺，不爱动，不挑食，具有伴性遗传特征，纯系可作为自别雌雄配套系的父本。成年母鹑体重 170 克，公鹑体重 140 克，35 日龄开产，蛋重 11.5～13.5 克，蛋壳结实，有花斑。每只鹌鹑日耗料 23～25 克，配种为 90～270 日龄，年产蛋 290 枚。黄羽鹌鹑俗称黄鹌鹑，纯系属隐性，具有伴性遗传特征，成年体重 160 克，羽色为浅黄色。

白羽鹌鹑主要生产性能为：雏鹑 35 日龄左右开产，45 日龄产蛋率可达 50%，50 日龄达 70%～80%，60 日龄达 80%～90%，80～220 日龄可达 90%～95%，220～330 日龄达 85%～90%，300～360 日龄产蛋率为 80%。料蛋比为：80～220 日龄（2.1～2.3）∶1，220～330 日龄（2.2～2.4）∶1，300～360 日龄（2.4～2.5）∶1。

三、鹌鹑饲养与管理

1. 雏鹑的饲养管理技术

进雏前使用高锰酸钾和甲醛密闭熏蒸 24 小时，每立方米用甲醛 28 毫升、高锰酸钾 14 克。育雏室必须提前 3～5 天试温生火，使室内温度达到要求的温度。采取平网单层育雏，由于白羽鹌鹑视力差，易扎堆，易湿毛，所以只能单层育雏（图 8-4），并且密度越小越好，以每平方米 200 只为宜。

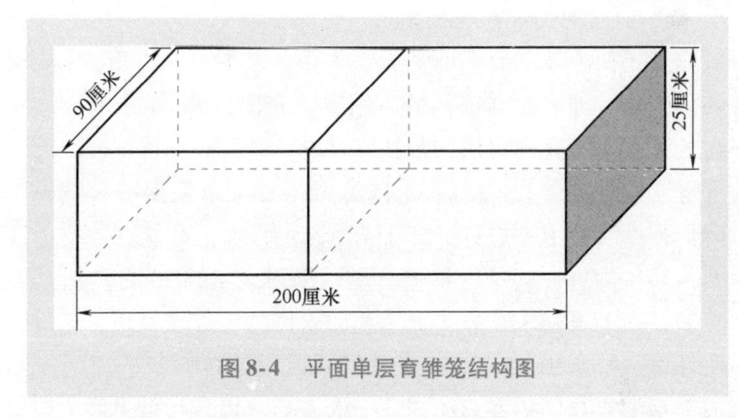

图8-4 平面单层育雏笼结构图

育雏笼框架可用钢筋或木质结构，用孔径为1厘米或0.8厘米的镀锌铁网做底网，四周可用窗纱包围。育雏笼内铺粗布，不能铺太光滑的纸，易造成雏鹑撇腿。7日龄后把布撤掉，换用饲槽饲喂，饲槽长40厘米、宽25厘米、高3厘米。育雏温度为：1~3天，38~39℃；4~5天，36~37℃；6~10天，35℃；10~35天，30~32℃。

1~7日龄饮自来水，水温与室温相同，1日龄自由饮用0.01%高锰酸钾水1天，2~5日龄每天饮用开口保健药物，以预防雏鹑应激和肠道疾病的发生。在出壳后24小时开食，饲喂雏鹑专用开口料，放置于扁平食槽内，采用昼夜不断水、不断料的自由采食方法。育雏期用30瓦左右的节能灯或100瓦的白炽灯，1~5天，全天24小时光照，不允许停电，晚上不熄灯。育雏期前5天注意保持室内湿度（以58%~60%为宜），以防雏鹑脱水，可在地面洒一些清水来提高室内湿度。1~10日龄的饲料以米粒大小为宜，撒料要薄厚适中，太薄会导致雏鹑采食困难而大批饿死。太厚又容易使雏鹑迷眼而造成瞎眼，厚度以0.5厘米为宜，面积不能太大，撒料要远离饮水器。

做好防疫接种和清洁工作，及时打扫卫生，更换垫料，及时消毒。经常观察雏鹑的精神状态、采食和排粪情况，预防意外事故，防鼠害、火灾和空气中毒。室内炉火一定要安装烟筒以防煤气中毒，注意通风换气。当发生煤气中毒需采取以下措施：一是迅速通风换气，二是饮高浓度葡萄糖水以缓解中毒症状。

2. 青年鹌鹑的饲养管理技术

育雏后鹌鹑上笼前要提前消毒，先用清水冲洗，再用2%火碱水溶液喷洒笼具、地面、墙壁，最后用甲醛密闭熏蒸24小时。用火碱消毒过的笼具，上笼前再用清水认真冲洗。转群时动作要轻，环境需保持安静。温度要求为：15～35日龄30～25℃。采用全日制光照时间，降低强度，晚上不熄灯，25日龄后换为20瓦节能灯。室内湿度以50%～55%为宜，饲喂青年鹌鹑专用饲料。雏鹑20日龄时从育雏笼上大笼，在上笼前3天先将大笼用的水槽挂入育雏笼内，创造上大笼后的环境。饮水中加入速补或电解质以预防转群所造成的应激反应。成鹑室温要与幼鹑室温相同。上大笼后造成死亡过多的主要原因是成鹑室温度低。上大笼后5天内料槽、水槽越满越好。料槽、水槽位置越低越好，以便于采食，否则将大批饿死。经过精心的管理，成活率可达到95%～98%。

3. 成年鹑的饲养管理技术

成年鹑开产后温度以25～35℃为宜。舍内温度在30℃时，鹌鹑产蛋量、料蛋比最高。35日龄或上齐蛋后，采用蛋鹑光照制度，以15瓦节能灯为宜，自然光照加上16小时人工补光。鹌鹑采用全日制光照，可防止鹌鹑脱肛、产蛋量减少。1～35日龄晚上不熄灯不会影响日后产蛋能力的发挥，产蛋期也不会缩短。

4. 种鹑的选择和配种

种鹑选择要求目光有神，姿容优美，羽毛光泽，肌肉丰满，头小而圆，嘴短，颈细而长，体壮胸宽，体重为110～130克。选择时主要观察肛门，肛门呈深红色，隆起，手按出现白色泡沫，则表明鹌鹑已发情，一般公鹑到50日龄会出现这种现象。公鹑爪应能完全伸开，以免交配时滑下，影响交配，降低受精率。蛋用鹑年产蛋率应达80%以上，月产蛋量24～27枚。雌鹑选择体重130～150克，腹部容积大，耻骨间有两指宽，耻骨顶端与胸骨顶端有三指宽的作为种用。选择产蛋量高的母鹑时，一般不需等到产蛋1年之后再进行选择，可以统计开产后3个月的平均产蛋率和日产蛋量，符合上述要求即可选择。

一般选用轮配方式进行配种，雄雌配比的比例为1∶4。若雄鹑的数量不足，则受精率下降；若雄鹑数量过多，则会增加不必要的开支，甚至公鹑之间会相互争配而干扰鹑群。公鹑与产蛋鹑仅使用1年，种母鹑则以0.5~2年不等，主要取决于产蛋量、蛋重、受精率、经济效益及育种价值等。蛋用型种鹑仅有8~10个月的配种时间，肉用型母鹑的配种时间则更短，仅为6~8个月。

5. 日常管理

日常管理工作包括清洁卫生和日常记录。食槽、水槽每4天清洗1次，每4天清粪1次。门口设消毒池，舍内应有消毒盆。要防止鼠、鸟等的侵扰。做好日常记录，包括舍鹑数、产蛋数、采食量、死亡数、淘汰数、天气情况和值班人员等情况。

四、鹌鹑的饲喂

产蛋鹑使用全价饲料，每只日采食20~24克、饮水45毫升左右、排粪27克左右，但随产蛋量、季节等因素而改变。饲料形状有粉料、粒料等，它们各有优缺点。鹌鹑在产蛋期间投用痢特灵（呋喃唑酮）和磺胺类药，可使产蛋率下降15%左右，这种下降需要停药后5~10天才能恢复。因此，在产蛋期间一定要减少用药，产蛋高峰期万不可用药。

五、鹌鹑免疫

鹌鹑预防免疫程序见表8-1。

表8-1 鹌鹑预防免疫程序一览表

日龄	预防疾病	所用药物及疫苗	使用方法	用药禁忌
1日龄		高锰酸钾	全天饮水	
2~4日龄	拉稀、鹑白痢	氟哌酸（诺氟沙星）、环丙沙星等	每天饮水3~5小时	禁用磺胺类药物
15日龄	鹌鹑流感	禽流感油乳苗	大腿内侧皮下注射	禁用抗病毒药物

（续）

日龄	预防疾病	所用药物及疫苗	使用方法	用药禁忌
20日龄	新城疫	Ⅳ系苗或克隆-30	饮水2小时，饮完以后间隔1~2个月用1次	禁用消毒及抗病毒药物
21日龄	免疫应激	电解多维	全天饮水	
22日龄	新城疫	新城疫单价油苗	皮下注射	禁用抗病毒药
32~37日龄	输卵管炎	阿莫西林、克拉维酸钾	每天饮水3~5小时	
60日龄	大肠杆菌病、输卵管炎	头孢类、四环素类等	每天饮水3~5小时，以后每隔1~1.5个月用1次消炎药，药物成分依据病情程度而定	

参考文献

[1] 高本刚，陈习中．特种禽类养殖与疾病防治［M］．北京：化学工业出版社，2004.

[2] 王洪玉．实用特禽养殖大全［M］．延吉：延边人民出版社，2003.

[3] 程德君，李焕玲，孟诏安．珍禽养殖与疾病防治［M］．北京：中国农业大学出版社，2004.

[4] 王宝维．特禽生产学［M］．北京：中国农业出版社，2004.

[5] 余四九．特种经济动物生产学［M］．北京：中国农业出版社，2002.

[6] 熊家军．特种经济动物生产学［M］．北京：科学出版社，2012.

[7] 郑文波，路广计．特禽饲养手册［M］．北京：中国农业大学出版社，2000.

[8] 杜炳旺，徐延生，孟祥兵．特禽养殖实用技术［M］．北京：中国科学技术出版社，2017.

[9] 张华．鹌鹑生产技术指南［M］．北京：中国农业大学出版社，2003.

[10] 向钊，张毅，王维林．怎样养鹌鹑［M］．重庆：西南师范大学出版社，2009.

[11] 杨治田．鹌鹑养殖技术图说［M］．郑州：河南科学技术出版社，2001.

[12] 马凤进，李群．食材还是玩物：古代鹌鹑驯养及利用考证［J］．古今农业，2019（2）：44-48.

[13] 李元元．鹌鹑的饲养管理［J］．中国畜牧兽医文摘，2018，34（5）：98.

[14] 任国栋，郑翠芝．特种经济动物养殖技术［M］．北京：化学工业出版社，2017.

书　目

书　名	定价	书　名	定价
高效养土鸡	29.80	高效养肉牛	29.80
高效养土鸡你问我答	29.80	高效养奶牛	22.80
果园林地生态养鸡	26.80	种草养牛	29.80
高效养蛋鸡	19.90	高效养淡水鱼	29.80
高效养优质肉鸡	19.90	高效池塘养鱼	29.80
果园林地生态养鸡与鸡病防治	20.00	鱼病快速诊断与防治技术	19.80
家庭科学养鸡与鸡病防治	35.00	鱼、泥鳅、蟹、蛙稻田综合种养一本通	29.80
优质鸡健康养殖技术	29.80	高效稻田养小龙虾	29.80
果园林地散养土鸡你问我答	19.80	高效养小龙虾	25.00
鸡病诊治你问我答	22.80	高效养小龙虾你问我答	20.00
鸡病快速诊断与防治技术	29.80	图说稻田养小龙虾关键技术	35.00
鸡病鉴别诊断图谱与安全用药	39.80	高效养泥鳅	16.80
鸡病临床诊断指南	39.80	高效养黄鳝	22.80
肉鸡疾病诊治彩色图谱	49.80	黄鳝高效养殖技术精解与实例	25.00
图说鸡病诊治	35.00	泥鳅高效养殖技术精解与实例	22.80
高效养鹅	29.80	高效养蟹	25.00
鸭鹅病快速诊断与防治技术	25.00	高效养水蛭	29.80
畜禽养殖污染防治新技术	25.00	高效养肉狗	35.00
图说高效养猪	39.80	高效养黄粉虫	29.80
高效养高产母猪	35.00	高效养蛇	29.80
高效养猪与猪病防治	29.80	高效养蜈蚣	16.80
快速养猪	35.00	高效养龟鳖	19.80
猪病快速诊断与防治技术	29.80	蝇蛆高效养殖技术精解与实例	15.00
猪病临床诊治彩色图谱	59.80	高效养蝇蛆你问我答	12.80
猪病诊治 160 问	25.00	高效养獭兔	25.00
猪病诊治一本通	25.00	高效养兔	29.80
猪场消毒防疫实用技术	25.00	兔病诊治原色图谱	39.80
生物发酵床养猪你问我答	25.00	高效养肉鸽	29.80
高效养猪你问我答	19.90	高效养蝎子	25.00
猪病鉴别诊断图谱与安全用药	39.80	高效养貂	26.80
猪病诊治你问我答	25.00	高效养貉	29.80
图解猪病鉴别诊断与防治	55.00	高效养豪猪	25.00
高效养羊	29.80	图说毛皮动物疾病诊治	29.80
高效养肉羊	35.00	高效养蜂	25.00
肉羊快速育肥与疾病防治	25.00	高效养中蜂	25.00
高效养肉用山羊	25.00	养蜂技术全图解	59.80
种草养羊	29.80	高效养蜂你问我答	19.90
山羊高效养殖与疾病防治	35.00	高效养山鸡	26.80
绒山羊高效养殖与疾病防治	25.00	高效养驴	29.80
羊病综合防治大全	35.00	高效养孔雀	29.80
羊病诊治你问我答	19.80	高效养鹿	35.00
羊病诊治原色图谱	35.00	高效养竹鼠	25.00
羊病临床诊治彩色图谱	59.80	青蛙养殖一本通	25.00
牛羊常见病诊治实用技术	29.80	宠物疾病鉴别诊断	49.80